基于原子系统的量子度量学

谭庆收 著

科学出版社

北京

内 容 简 介

本书主要探讨原子系统中如何抑制环境噪声，或者利用特定的环境噪声来提高系统的参数估计的精度. 本书第 1 章主要介绍了参数估计方面的相关理论基础以及常见的物理实现方案；第 2 章研究了利用动力学退耦脉冲序列保护噪声环境下的参数估计精度；第 3 章研究了在动力学退耦脉冲作用下环境噪声所辅助的参数估计精度问题；第 4—6 章研究了利用偶极-偶极相互作用来提高偶极玻色-爱因斯坦凝聚体的自旋压缩以及提高系统的参数估计精度.

本书可作为高等院校理论物理、应用物理专业等相关专业研究生的教材. 也可供从事基于冷原子系统的量子精密测量研究的科研人员的参考书.

图书在版编目(CIP)数据

基于原子系统的量子度量学/谭庆收著. —北京：科学出版社，2018.9
ISBN 978-7-03-058809-8

Ⅰ. ①基⋯　Ⅱ. ①谭⋯　Ⅲ. ①量子–度量–研究　Ⅳ. ①O4

中国版本图书馆 CIP 数据核字(2018) 第 211462 号

责任编辑：胡庆家 / 责任校对：邹慧卿
责任印制：赵　博 / 封面设计：铭轩堂

科学出版社 出版
北京东黄城根北街 16 号
邮政编码：100717
http://www.sciencep.com

北京厚诚则铭印刷科技有限公司　印刷
科学出版社发行　各地新华书店经销
*
2018 年 9 月第　一　版　开本：720×1000　B5
2024 年 3 月第二次印刷　印张：10 1/4　插页：1
字数：150 000

定价：78.00 元
(如有印装质量问题，我社负责调换)

前　　言

　　精确的测量和推测物理体系中参数是科学分析实验数据的一个重要部分. 它在量子频率标准、弱磁场探测、引力波探测以及原子钟等研究领域中起了极其重要的作用. 近年来, 研究者发现合适的量子输入态 (比如量子纠缠态), 理论上可以使参数估计的误差涨落达到海森堡极限, 这将远远高于使用可分离态进行估计所能达到的上限 (标准量子极限). 这就为人们如何得到更高的参数估计精度打开了一扇新的大门. 然而, 广泛的研究表明, 在实际环境噪声的作用下量子态的纠缠或压缩将会迅速衰减掉, 从而使量子资源在度量中的优势散失. 本书探讨了抑制环境噪声对量子度量的负面影响的方法, 并且发现在一些特定情况下噪声还有可能会对量子参数估计有利. 本书主要以超冷原子系统为载体探讨了噪声对参数估计的影响. 由于其原子间的可控的非线性相互作用所带来的丰富的量子效应, 囚禁的超冷原子系统成为研究量子信息以及量子精密测量等领域的重要载体. 本书的一些研究表明, 在该研究系统中环境噪声并不一定对量子精密测量有害, 还可以有效地提高参数的估计精度.

　　本书总结提炼了作者多年的研究成果并且结合了国内外量子度量学领域的最新研究进展撰写而成. 本书主要研究如何最大限度地提高原子系统中参数估计精度, 全书共分为 6 章, 各章节内容安排如下. 第 1 章主要介绍了参数估计方面的相关理论基础以及常见的物理实现方案, 为之后几章打下基础. 第 2 章研究了利用动力学退耦脉冲序列保护噪声环境下的参数估计精度. 本章通过计算量子 Fisher 信息和未知参数的估计精度, 分析了动力学退耦脉冲对参数估计精度的影响. 第 3 章研究了在动力学退耦脉冲作用下环境噪声所辅助的参数估计精度问题. 通过计算控制脉冲作用下的环境噪声所诱导的自旋压缩和量子 Fisher 信息, 发现环境的去相位噪声可通过诱导自旋压缩的方式来提高参数的估计精度. 第 4—6 章研究了如何利用偶极–偶极相互作用来提高偶极玻色–爱因斯坦凝聚体的自旋压缩以及提高系统的参数估计精度.

　　本书内容主要来源于作者博士后以来从事的相关研究工作. 感谢国家自然科学基金 (11665010，11805047) 对研究项目的资助. 本书在撰写过程中, 参考了大量国内外文献, 在此向相关文献作者表示感谢!

　　鉴于作者水平及认知的局限性, 书中难免存在不妥之处, 恳请广大读者和专家批评指正.

作　者

2018 年 7 月

目　　录

第1章　量子参数估计的理论基础与实验装置简介

　　量子度量学是关于量子测量和量子统计推断的一门学科. 量子参数估计是量子度量学的核心内容, 它主要研究的是如何利用量子手段来最大可能地提高参数估计的精度. 当前量子参数估计已经成为原子频标、原子钟、量子成像以及引力波探测等领域的核心课题[1-5], 引起了人们的广泛兴趣. 然而, 由于受到一些物理规律 (比如海森堡测不准关系) 的限制, 对未知参数进行测量时不可避免地会存在误差涨落. 如何最大可能地降低这种误差是参数估计所要研究的核心问题. 这就需要探索这种误差是由什么因素引起的? 是否可以通过设计巧妙的实验方案尽可能地消除这些误差? 接下来, 本章将从量子 Cramér-Rao 定理出发, 介绍量子参数估计所能达到的理论上的精度极限, 并简单介绍量子 Fisher 信息[6-14] 的一些基本性质. 此外, 还将简单介绍量子参数估计的一些实验模型.

1.1　量子参数估计的理论极限: 量子 Cramér-Rao 定理

　　本节将简单介绍 Cramér 和 Rao 所提出的一般意义上的参数估计理论. 对于待估参数 φ, 其真实值标记为 φ_{ture}, 人们通常利用它的估计子 φ_{est} 的均方差[1]

$$\langle(\delta\varphi_{\text{est}})^2\rangle \equiv \langle(\varphi_{\text{est}} - \varphi_{\text{ture}})^2\rangle \tag{1.1}$$

来衡量参数估计的精度. 上式中的尖括号 $\langle\ \rangle$ 表示对所有的测量结果求平均. 对于任意的无偏估计子, 即 $\langle\varphi_{\text{est}}\rangle = \varphi$ 时, Cramér-Rao 定理告诉人们[6, 7]:

$$\langle(\Delta\varphi)^2\rangle \geqslant \frac{1}{\upsilon F(\varphi)}, \tag{1.2}$$

这里 $\langle(\Delta\varphi)^2\rangle = \langle\varphi^2\rangle - \langle\varphi\rangle^2$, 而 υ 为对同样的样品进行的独立测量次数. 上式中 $F(\varphi)$ 为经典 Fisher 信息, 对于离散的测量结果集有

$$F(\varphi) \equiv \sum_j p_j(\varphi) \left(\frac{\mathrm{d}\ln[p_j(\varphi)]}{\mathrm{d}\varphi}\right)^2, \tag{1.3}$$

这里 $p_j(\varphi)$ 为得到实验结果 j 的概率. 对于连续的测量结果集, 方程 (1.3) 可推广为

$$\begin{aligned} F(\varphi) &\equiv \int \mathrm{d}x p(x|\varphi) \left(\frac{\partial\ln[p(x|\varphi)]}{\partial\varphi}\right)^2 \\ &= \left\langle \left(\frac{\partial\ln[p(x|\varphi)]}{\partial\varphi}\right)^2 \right\rangle = \langle l(x|\varphi)^2\rangle, \end{aligned} \tag{1.4}$$

其中 $\mathrm{d}x p(x|\varphi)$ 为实验上在区间 x 和 $x + \mathrm{d}x$ 中找到实验结果的概率, 而 $l(x|\varphi)$ 被称为对数导数. Cramér-Rao 定理说明, Fisher 信息表征了一个概率分布的参数的信息量, 参数的 Fisher 信息越大, 对参数估计的精度就越高. 也就是说 Fisher 信息给出了参数估计精度的理论极限.

在量子力学的情况下, 广义的测量可通过一系列正定厄米算符 $E(\boldsymbol{x})$ 来描述, 它们对应于 POVM 测量. 这里 $\boldsymbol{x}$ 为所测量的可观察量. 如果 $\boldsymbol{x}$ 存在连续的值 x, 则算符 $E(\boldsymbol{x})$ 满足

$$E(\boldsymbol{x}) \geqslant 0, \quad \int \mathrm{d}\boldsymbol{x} E(\boldsymbol{x}) = \mathbf{1}. \tag{1.5}$$

则相应的条件概率分布函数可以由密度矩阵来以及 POVM 测量 $\{E(\boldsymbol{x})|\boldsymbol{x})\}$ 元来表示, 即

$$p(\boldsymbol{x}|\varphi) = \mathrm{Tr}[E(\boldsymbol{x})\rho(\varphi)]. \tag{1.6}$$

根据 Fisher 信息的定义 (1.4), 可以发现 $F(\varphi)$ 为条件概率 $p(\boldsymbol{x}|\varphi)$ 的函数, 它依赖于参数化的量子态 $\rho(\varphi)$ 和具体的 POVM 测量方案. 因

此, 为了能够得到最优化的 Fisher 信息, 就需要构造合适的量子态以及寻找最优的测量方案. 对于给定的量子态, 则可以通过尝试各种不同的测量方案来最大化所能得到到 Fisher 信息. 遍历所有可能的量子测量方案所能得到的最大 Fisher 信息叫做量子 Fisher 信息, 它的定义为[1, 6, 7]

$$F_Q(\varphi) \equiv \max_{\{E(\boldsymbol{x})\}} F[\varphi; E(\boldsymbol{x})]. \tag{1.7}$$

也就是说量子 Fisher 信息为经典 Fisher 信息的一个上界, 而其对应的 Cramér-Rao 定理, 被称作量子 Cramér-Rao 定理.

接下来, 本章将简单论证量子 Fisher 信息为经典 Fisher 信息的一个上确界, 即可达到的上界. 在此, 首先将方程 (1.4) 中的对数导数 $l(\boldsymbol{x}|\varphi)$ 量子化, 即引入一个对称对数导数 (SLD) $L(\varphi)$, 它是由以下方程式决定的厄米算符:

$$\frac{\partial}{\partial \varphi}\rho(\varphi) = \frac{1}{2}[L(\varphi)\rho(\varphi) + \rho(\varphi)L(\varphi)]. \tag{1.8}$$

将方程 (1.6) 与 (1.8) 代入经典 Fisher 信息的表达式 (1.4), 可直接得到

$$\begin{aligned}
F(\varphi|E) &= \int \mathrm{d}\boldsymbol{x} \frac{\mathrm{Re}\{\mathrm{Tr}[\rho(\varphi)E(\boldsymbol{x})L(\varphi)]^2\}}{\mathrm{Tr}[E(\boldsymbol{x})\rho(\varphi)]} \\
&\leqslant \int \mathrm{d}\boldsymbol{x} \left| \frac{\mathrm{Tr}[\rho(\varphi)E(\boldsymbol{x})L(\varphi)]}{\sqrt{\mathrm{Tr}[E(\boldsymbol{x})\rho(\varphi)]}} \right|^2 \\
&= \int \mathrm{d}\boldsymbol{x} \left| \mathrm{Tr}\left[\frac{\sqrt{\rho(\varphi)}\sqrt{E(\boldsymbol{x})}}{\sqrt{\mathrm{Tr}[E(\boldsymbol{x})\rho(\varphi)]}} \sqrt{E(\boldsymbol{x})}L(\varphi)\sqrt{\rho(\varphi)} \right] \right|^2 \\
&\leqslant \int \mathrm{d}\boldsymbol{x}\, \mathrm{Tr}[E(\boldsymbol{x})L(\varphi)^2\rho(\varphi)] \\
&= \mathrm{Tr}[L(\varphi)^2\rho(\varphi)]. \tag{1.9}
\end{aligned}$$

上式第一个不等号成立的条件是 $\mathrm{Tr}[\rho(\varphi)E(\boldsymbol{x})L(\varphi)]$ 对于任意的 φ 必须

为实数. 第二个不等号利用了 Schwarz 不等式

$$|\text{Tr}(A^\dagger B)|^2 \leqslant \text{Tr}(A^\dagger A)\text{Tr}(B^\dagger B).$$

对应于方程 (1.7), 在量子态中 $\rho(\varphi)$ 关于参数 φ 的量子 Fisher 信息被定义为[1, 6, 7]

$$F_Q(\varphi) = \text{Tr}[L(\varphi)^2\rho(\varphi)], \tag{1.10}$$

即 SLD 算符的本征基矢所构成的投影测量为一种最优测量且 $\langle L(\varphi)\rangle=0$. 需要注意的是, $L(\varphi)$ 在一些情况下并不是物理可观察量, 因此在具体的实验中有时很难找到给出量子 Fisher 信息的 POVM 测量. 方程 (1.10) 说明量子 Fisher 信息只依赖于所选择的探测态 $\rho(\varphi)$. 因此, 为了获得最优的量子 Fisher 信息, 即最优的参数估计精度, 就需要选择合适的量子探测态.

1.2　量子 Fisher 信息的计算以及两个重要的极限

1.2.1　量子 Fisher 信息的计算

在密度矩阵 $\rho(\varphi)$ 的对角化表象下,

$$\rho(\varphi) = \sum_n p_n|\psi_n\rangle\langle\psi_n|,$$

方程 (1.8) 中的 SLD 算符可重新表示为

$$\langle\psi_i|\partial_\varphi\rho(\varphi)|\psi_j\rangle = \frac{1}{2}[\langle L\rangle_{ij}p_j + p_i\langle L\rangle_{ij}]. \tag{1.11}$$

上式中,

$$\begin{aligned}
\partial_\varphi\rho(\varphi) &= \frac{\partial}{\partial\varphi}\sum_n p_n|\psi_n\rangle\langle\psi_n| \\
&= \sum_n \frac{\partial p_i}{\partial\varphi}|\psi_n\rangle\langle\psi_n| + \sum_n p_i(\partial_\varphi|\psi_n\rangle)\langle\psi_n| + \sum_n p_i|\psi_n\rangle(\partial_\varphi\langle\psi_n|).
\end{aligned}$$

$$\tag{1.12}$$

利用方程 (1.11), (1.12), 可以反解出 SLD 算符:

$$L(\varphi) = 2 \sum_{ij} \frac{\langle \psi_i | \partial_\varphi \rho(\varphi) | \psi_j \rangle}{p_i + p_j} |\psi_i\rangle \langle \psi_j|$$

$$= \sum_i \frac{\partial_\varphi p_i}{p_i} |\psi_i\rangle \langle \psi_i| + 2 \sum_{i \neq j} \frac{p_i - p_j}{p_i + p_j} \langle \psi_j | \partial_\varphi \psi_i \rangle |\psi_j\rangle \langle \psi_i|. \quad (1.13)$$

注意这里的求和要求满足条件 $p_i + p_j \neq 0$. 对于两个 $p_i + p_j = 0$ 的情况, SLD 算符的矩阵元在这里没有定义, 即对非满秩的密度矩阵 $\rho(\varphi)$, SLD 算符是不唯一的. 将方程 (1.13) 代入量子 Fisher 的表达式整理可得[5]

$$F_Q(\varphi) = \sum_i \frac{(\partial_\varphi p_i)^2}{p_i} + 2 \sum_{i \neq j} \frac{(p_i - p_j)^2}{p_i + p_j} |\langle \psi_j | \partial_\varphi \psi_i \rangle|^2. \quad (1.14)$$

如果上式中待估计参数 φ 是通过幺正演化加载到探测态上的 (即 $\rho(\varphi) = U(\varphi) \cdot \rho U^\dagger(\varphi)$), 则上式的第一项为零, 因为幺正演化不改变 ρ 的本征值. 对于纯态 $\rho(\varphi) = |\psi(\varphi)\rangle \langle \psi(\varphi)|$, 方程 (1.14) 可进一步简化为

$$F_Q(\varphi) = 4[\langle \partial_\varphi \psi(\varphi) | \partial_\varphi \psi(\varphi) \rangle - |\langle \psi(\varphi) | \partial_\varphi \psi(\psi) \rangle|^2]. \quad (1.15)$$

1.2.2 两个重要的极限: 标准量子极限和海森堡极限

从方程 (1.14) 可以看出, 量子 Fisher 信息依赖于所选取的探测态. 事实上, 对于经典探测态 (比如相干态) 所能达到的最大参数估计精度极限为 $1/\sqrt{N}$, 这里 N 为实验中的粒子数. 这种极限称之为标准量子极限, 或者称为散粒噪声极限[15−17]. 根据 Cramér-Rao 定理知道, 该极限所对应的 Fisher 信息为 $F = N$. 然而, 大量的研究表明当选取量子探测态时, 标准量子极限是可以被突破的[15−34]. 特别是当采用最大纠缠态 (比如 NOON 态) 时, 理论上可以获得的最大估计精度极限为 $1/N$, 它相对于标准量子极限而言精度提高了 $\sqrt{N}$ 倍, 而这种纠缠态所能达到的最大精度极限称之为海森堡极限. 它所对应的 Fisher 信息为 $F = N^2$. 值得注意的是, 当前研究者发现当待测参数系统的哈密顿量为非线性形式时, 参数估计的精度是可以超越海森堡极限.

因此在量子度量学领域, 研究者的主要兴趣集中于通过各种量子手段来获得超越标准极限的参数估计精度, 即要求所考虑方案的量子 Fisher 信息满足 $F > N$. 因此, 量子 Fisher 信息在量子参数估计领域有着重要的意义, 特别是其在探测初始态的选取上更是发挥了非常重要的指导作用.

1.3　量子参数估计的实验实现

本小节将简要介绍量子参数估计在实验上一些操作步骤以及通常所采用的实验装置[1]. 任意的量子参数估计方案总可以被分解成四个部分: (1) 制备初始探测态; (2) 加载待估参数的动力学演化; (3) 量子测量, 即对参数化后的量子态进行测量; (4) 数据处理, 即选取合适的估计子估计出待测参数的值. 以上步骤如图 1.1 所示.

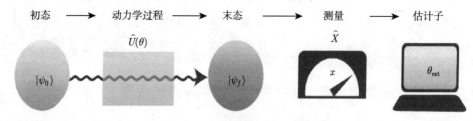

图 1.1　参数估计的一般步骤

制备已知的初始态, 使它通过参数相关的动力学过程来加载待测参数, 然后对演化后的态进行测量,

测量的结果随后被用于估计待测参数的值[1]

本书将主要讨论步骤 (1)—(3), 它们的实现依赖干涉仪装置. 实验上最典型的干涉仪主要有两种: 光学 Mach-Zehnder 干涉仪和原子 Ramsey 干涉仪. 这两种干涉仪之间的工作原理是完全等价的, 且最终目的都是去估计相位参数. 所不同的是, 前者适用于光学系统, 后者适用于原子系统. 下面将结合步骤 (1)—(4) 分别介绍这两种干涉仪的工作原理.

1.3.1　光学系统中的参数估计

光学 Mach-Zehnder 干涉仪 (如图 1.2(a) 所示) 由两个 50 : 50 分束

器 (实验上为了产生特定的探测态第一个分束器常被一些特殊的装置所代替) 和一个相移器 (表示两个光路的路径差) 组成. 当输入光子通过第一个分束器后便会产生用于量子参数估计的探测态, 并且在通过相移器时引入了一个待估相位, 此后分束器两个光臂上的光束将在第二个分束器处汇合而发生干涉现象. 因此, 可以通过测量第二个分束器输出端的光子数来估计未知相位.

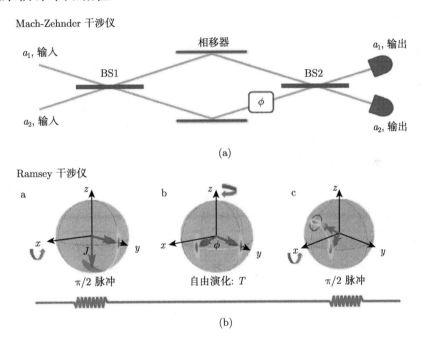

图 1.2[5]   (a) Mach-Zehnder 干涉仪示意图; (b) Ramsey 干涉仪示意图

　　根据量子 Fisher 信息的表达式以及上节的分析, 可知道初始探测态的性质直接决定了一个参数估计方案所能达到的精度极限. 因此, 选择怎样的探测态就自然而然地成为了量子参数估计领域的首要问题. 早在 1981 年, C. M. Caves 就提出了将强的相干光源和弱的压缩真空光源分别输入标准的 Mach-Zehnder 干涉仪的两个输入端口来提高引力波探测精度的理论方案[35], 并且证明了该方案可获得超过标准量子极限的参数估计精度. 该方案由于具备所需的初始输入态在实验上容易制备且包含大光子数等优点, 所以在实验上引起了人们的广泛关注, 并且在德国的 GEO600 引力波探测仪以及美国的汉福德激光干涉引力波天文台 (LIGO) 中得以应用. 近些年来, 基于该方案的各种理论研究仍被大量报道, 而且人们发现当相干光源的强度与压缩真空态的强度趋近时, 还可以获得趋近于海森堡极限的参数估计精度. 这种方案能有效地提高参数估计精度的一个重要原因是 Mach-Zehnder 干涉仪的第一个束分器可将非经典输入光源转化为路径纠缠态, 从而实现量子加强的参数估计精度. 此外, 人们还发现利用最大路径纠缠态——NOON 态以及纠缠相干态 (ECS) 还可以获得海森堡极限的参数估计精度 (即 $F = N^2$). 注意, 这里的 NOON 态以及纠缠相干态是指第一个分束器之后的态. 需要说明的是, 由于受当前实验条件的限制, 人们还无法制备包含高粒子数的最大纠缠态, 这就导致了利用最大纠缠态所获得的实际参数估计精度可能还比不上高强度的相干光源[34,36-38]. 此外, 这种最大纠缠态在环境的影响下不可避免的会出现退相干现象, 从而使量子加强参数估计精度的优势被抵消. 受纠缠态中所能包含的最大光子数的限制, 利用最大纠缠态来进行参数估计所能达到的绝对精度还比不上强相干光源[1, 39]. 在这种情况下, 寻找最优的强光源作为干涉仪的输入态将更有实际意义. 利用强光源来提高参数估计精度的最早方案可追溯到 1981 年. 1981 年 Caves[35] 提出了利用强相干光源混合弱的压缩真空光源可得到超过标准量子极限的参数估计精度. 此后, 大量的理论和实验工作围绕这个方案得以开展[39-43]. 最近, 另外一种采用强光源来获得高的相位灵敏度的方案也被提出了[44]. 文献 [44] 中, 作者提出了利用数态和任意强光源作为干涉仪的两个输入态来获得亚散粒噪声极限的相位灵敏度的方案. 事实上, 在这两种方案中可分离的输入态在通过干涉仪的第一个分束器后将形成了路径纠缠态, 从而提高参数的估计精度.

　　此外, 在实验中参数估计的精度不仅仅依赖于所选择的量子探测态,还与测量方案相关. 在实际操作中, 图 1.1 所给的待估参数 θ 很难被直接测量, 必须通过测量一个可观察量 X 来间接获得待估参数的值. 这里参数 θ 的信息就包含在测量结果 $\langle X \rangle$ 之中. 根据误差传递公式, 就可以间接获得参数 θ 的涨落

$$\Delta\theta = \frac{(\Delta X)_\theta}{|\partial\langle X\rangle_\theta/\partial\theta|}, \tag{1.16}$$

其中 ΔX 为算符 X 的涨落. 根据上式可以知道对于确定的探测态, 测量算符的选择直接影响到参数的估计精度. 对于光学 Mach-Zehnder 干涉仪, 常见的测量方案包括光子数差的强度测量与光子数的宇称测量方案[43-60]. 它最先由文献 [45, 46] 引入到光学干涉领域作为一种有效的量子测量方案. 近年来, 文献 [43] 验证了在 Mach-Zehnder 光学干涉仪中对于大多数纯态输入的情形, 光子数的宇称测量为最优的探测方案. 通过执行宇称测量, 人们可以获得量子 Cramér-Rao 界限所给定的相位灵敏度.

1. 利用压缩热态和奇偶态提高参数估计精度

下面将结合自己的研究, 来讨论更一般的利用强光源来提高参数估计的精度的方案[61]. 在此方案中, Mach-Zehnder 干涉仪的输入初始态为

$$\rho_{\text{in}} = |\psi\rangle_{aa}\langle\psi| \otimes \rho_b, \tag{1.17}$$

这里 $|\psi\rangle_a$ 为任意纯态而 ρ_b 为压缩热态[62],

$$\rho_b = \sum_{n=0}^{\infty} \frac{\bar{n}_{\text{th}}^n}{(\bar{n}_{\text{th}} + 1)^{n+1}} S_b(\xi)|n\rangle_{bb}\langle n|S_b^\dagger(\xi), \tag{1.18}$$

其中平均热光子数为 $\bar{n}_{\text{th}}$. 这里的压缩算符定义为

$$S_b(\xi) = \exp[(-\xi b^{\dagger 2} + \xi^* b^2)/2],$$

其中 $\xi = re^{i\theta}$ 为压缩参数, 这里我们取 $\theta = 0$. 这里的压缩热态可由热光源通过压缩装置来产生. 数学上, 本书所考虑的情形可以涵盖很多前人

所考虑过的特定方案. 比如, 当 $\bar{n}_{\mathrm{th}} = 0$ 时, ρ_b 就变成了压缩真空态. 如果进一步取 $|\psi\rangle_a$ 为相干态, 则上述方案就退化成了文献 [35] 中所研究的情况了. 然而, 当 $r = 0$ 时, 压缩热态就变成了热态, 此时如果再选取 $|\psi\rangle_a$ 为数态时, 本书所考虑的方案就成了文献 [44] 中所讨论方案的一个特例.

在量子度量学中, 人们通常用量子 Cramér-Rao 界限[63]来衡量量子参数估计所能达到的理论精度极限[1,39−42,44,49,56,64]. 而量子 Cramér-Rao 界限是由量子 Fisher 信息所决定的, 因此量子 Fisher 信息在量子度量学领域也有着重要的意义而常被人们广泛用来衡量参数的估计精度[39,42,49,56,64]. 本书也将利用量子 Fsiher 信息来描述待估测相位的灵敏度. 通过计算量子 Fisher 信息, 作者发现当本书的所考虑的初始态 $|\psi\rangle_a$ 为只包含奇数或偶数个光子的量子态时, 待测相位的估计精度可以大大地超过标准量子极限, 即使干涉仪的另外一端输入的为热态. 假使另一端为压缩热态时, 甚至可以达到海森堡极限的估计精度, 而此时的相位灵敏度依赖于所选择的奇偶态的具体特性. 作为具体的例子, 下面考虑了一些常见的奇偶相干态: 数态、奇偶相干态、压缩真空态、减单光子压缩真空态. 可以验证, 对于当前考虑的奇偶态混合热态的量子参数估计精度加强方案中, 宇称测量同样可以达到量子 Cramér-Rao 界限的下限.

2. Mach-Zehnder 干涉仪中的量子 Fisher 信息

本书所考虑的平衡理想 Mach-Zehnder 光学干涉仪由两个 $50:50$ 分束器和两个相移器组成, 如图 1.3 所示. 方程 (1.17) 中所给出的初始态被输入干涉仪的两个输入端口. 如果标记干涉仪的两个端口的玻色子模式的湮灭算符分别为 a 和 b, 则与 Mach-Zehnder 干涉仪相关的幺正演化可表示为

$$U(\phi) = \mathrm{e}^{-\mathrm{i}\frac{\pi}{2}J_x}\mathrm{e}^{\mathrm{i}\phi J_z}\mathrm{e}^{\mathrm{i}\frac{\pi}{2}J_x} = \exp(-\mathrm{i}\phi J_y), \tag{1.19}$$

这里 ϕ 为要估计的相位. 算符

$$J_x = \frac{1}{2}(a^\dagger b + b^\dagger a), \tag{1.20a}$$

$$J_y = -\frac{\mathrm{i}}{2}(a^\dagger b - b^\dagger a), \tag{1.20b}$$

$$J_z = \frac{1}{2}(a^\dagger a - b^\dagger b) \tag{1.20c}$$

为 Schwinger 表象下的角动量算符. 它们满足如下对易关系:

$$[J_x, J_y] = \mathrm{i}J_z, \quad [J_y, J_z] = \mathrm{i}J_x, \quad [J_z, J_x] = \mathrm{i}J_y.$$

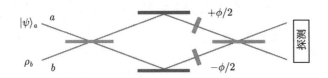

图 1.3 平衡的 Mach-Zehnder 干涉仪示意图

它包含两个 50：50 分束器和两个相移器. 干涉仪两个端口输入的初始态为 $|\psi\rangle_a\,{}_a\langle\psi| \otimes \rho_b$, 这里 $|\psi\rangle_a$ 为任意纯态, 而 ρ_b 为压缩热态

在研究本书所考虑的输入态 ρ_{in} 之前, 在此先给出一个一般的可分离输入态 $\rho_a \otimes \rho_b$ 的量子 Fisher 信息的表达式, 这里 ρ_a 和 ρ_b 包含纯态和混态的所有情形. 对于初始输入态 ρ_{in}, 输出态可表示为 $\rho_{\mathrm{out}} = U(\phi)\rho_a \otimes \rho_b U^\dagger(\phi)$, 它的最高相位灵敏可由量子 Cramér-Rao 界限给出[63],

$$\Delta\phi_{\min} = 1/\sqrt{\mathcal{F}}, \quad \mathcal{F} = \mathrm{Tr}(\rho_{\mathrm{out}}G^2), \tag{1.21}$$

这里 $\mathcal{F}$ 为量子 Fisher 信息, 其中 G 为最优相位估计子.

密度矩阵 ρ_{out} 对应的对称对数导数算子可定义为

$$\frac{\partial\rho_{\mathrm{out}}}{\partial\phi} = \frac{1}{2}(\rho_{\mathrm{out}}G + G\rho_{\mathrm{out}}). \tag{1.22}$$

利用谱分解 $\rho_a = \sum_j p_j|\psi_j\rangle_a\,{}_a\langle\psi_j|$ 和 $\rho_b = \sum_m q_m|\varphi_m\rangle_b\,{}_b\langle\varphi_m|$, 量子 Fisher

信息为[6, 7, 65, 66]

$$\mathcal{F} = \sum_k 4Q_k\langle\phi_k|J_y^2|\phi_k\rangle - \sum_{kk'}\frac{8Q_kQ_{k'}}{Q_k + Q_{k'}}|\langle\phi_k|J_y|\phi_{k'}\rangle|^2, \qquad (1.23)$$

这里 $Q_k = p_jq_m$ 以及 $\{|\phi_k\rangle = |\psi_j\rangle_a \otimes |\varphi_m\rangle_b\}$ 为两模 Hilbert 空间中的完备基矢. 需要特别指出的是, 量子 Fisher 信息与待估计的参数 ϕ 无关. 特别是对于纯态的输入态, 方程 (1.23) 可进一步简化为

$$\mathcal{F} = 4(\langle J_y^2\rangle_{\text{in}} - \langle J_y\rangle_{\text{in}}^2).$$

当干涉仪 a 端与 b 端的输入态分别为任意纯态 $|\psi\rangle_a$ 和压缩热态 ρ_b 时, 此时的量子 Fisher 信息为

$$\mathcal{F}_{|\psi\rangle_a} = \bar{n}_a + \bar{n}_b + 2\bar{n}_a\bar{n}_b + \Theta_{|\psi\rangle_a}, \qquad (1.24)$$

这里

$$\bar{n}_a = {}_a\langle\psi|a^\dagger a|\psi\rangle_a \quad \text{和} \quad \bar{n}_b = (2\bar{n}_{\text{th}} + 1)\sinh^2(r) + \bar{n}_{\text{th}} \qquad (1.25)$$

分别为 a 模和 b 模的平均光子数. 方程 (1.24) 中的 $\Theta_{|\psi\rangle_a}$ 的具体表达形式为

$$\begin{aligned}\Theta_{|\psi\rangle_a} = {}&\sinh(2r)(2\bar{n}_{\text{th}} + 1)\text{Re}[\langle a^2\rangle] - \frac{4\bar{n}_{\text{th}}(\bar{n}_{\text{th}} + 1)}{2\bar{n}_{\text{th}} + 1}\\ &\times[\cosh(2r) + \cos(2\varphi_0)\sinh(2r)]|\langle a\rangle|^2,\end{aligned} \qquad (1.26)$$

其中 φ_0 由关系式 $\langle a\rangle = |\langle a\rangle|e^{i\varphi_0}$ 决定, 而平均值 $\langle a\rangle$ 和 $\langle a^2\rangle$ 是相对于态 $|\psi\rangle_a$ 而言. 方程 (1.24) 和 (1.26) 说明了此处的量子 Fisher 信息不但和两模的平均光子数有关而且还依赖于湮灭算符 $\langle a\rangle$ 和 $\langle a^2\rangle$ 的统计性质.

根据方程 (1.21) 和 (1.24), 不难得出标准量子极限和海森堡极限所对应的量子 Fisher 信息所对应的具体形式. 对于理想的 Mach-Zehnder

干涉仪, 总光子数 $n_T \equiv \bar{n}_a + \bar{n}_b$ 为守恒量, 此时标准量子极限和海森堡极限可分别表示为

$$\Delta\phi_{\mathrm{SQL}} = 1/\sqrt{n_T}, \quad \Delta\phi_{\mathrm{HL}} = 1/n_T. \tag{1.27}$$

这两个极限所对应的 Fisher 信息为

$$\mathcal{F}_{\mathrm{SQL}} = n_T, \quad \mathcal{F}_{\mathrm{HL}} = n_T^2. \tag{1.28}$$

通过将 $\mathcal{F}_{\mathrm{SQL}}$, $\mathcal{F}_{\mathrm{HL}}$ 和方程 (1.24) 作对比, 可获得如下结论: 当 $\Theta_{|\psi\rangle_a} > -2\bar{n}_a\bar{n}_b$ 时, 标准量子极限可被超越. 然而, 要想趋近海森堡极限就必须满足 $\Theta_{|\psi\rangle_a} \to \bar{n}_a^2 + \bar{n}_b^2 - (\bar{n}_a + \bar{n}_b)$.

对于固定的总光子数 n_T, 人们总是期待通过寻找合适的输入态来获得大的 $\mathcal{F}$, 即最小的测量误差涨落 $\Delta\phi_{\min}$. 当 $\bar{n}_a$ 和 $\bar{n}_b$ 都固定时, 这就意味着需要寻找合适的输入态使 $\Theta_{|\psi\rangle_a}$ 尽可能的大. 一般而言, 很难精确地知道 $\Theta_{|\psi\rangle_a}$ 与模 a 的统计属性之间的具体依赖关系. 然而, 在以下的特例中我们总可以得到非负的 $\Theta_{|\psi\rangle_a}$ 值. 当 $\langle a \rangle = 0$ 或 $\bar{n}_{\mathrm{th}} = 0$ 时, 方程 (1.26) 的第二项为零, 此时总满足 $\Theta_{|\psi\rangle_a} \geqslant 0$. 因为所有的奇偶态满足性质 $\langle a \rangle = 0$, 这就意味着奇偶态可以作为一种资源来提高量子 Fisher 信息, 从而提高参数估计精度.

方程 (1.18) 中所给的输入态 ρ_b 有两个可调变量: 压缩因子 r 和热光子数 $\bar{n}_{\mathrm{th}}$. 当 $r = 0$ 时, 压缩热态就变成了热态. 在这种情况下, 为了能够超越标准量子极限, 干涉仪的纯态输入端就必须为一个量子态 (比如对于准经典 (相干) 态 $|\psi\rangle_a = |\alpha_0\rangle_a$, 不难验证 $\Theta_{|\alpha_0\rangle_a} = -2\bar{n}_a\bar{n}_b(\bar{n}_b + 1)(\bar{n}_b + 1/2)^{-1} \leqslant -2\bar{n}_a\bar{n}_b$.). 值得注意的是, 当 $|\psi\rangle_a$ 为奇偶态时, 无论它的具体形式, 此时的量子 Fisher 信息总可以写成如下统一的形式:

$$\mathcal{F}_{\mathrm{e/o}} = \bar{n}_a + \bar{n}_b + 2\bar{n}_a\bar{n}_b, \tag{1.29}$$

其中 $\bar{n}_b = \bar{n}_{\mathrm{th}}$. 上述结论预示, 可以通过将热态和任意奇偶态分别输入

Mach-Zehnder 干涉仪的方法来获得亚散粒噪声极限的相位估计不确定度. 特别是, 当 $\bar{n}_a \sim \bar{n}_b \sim n_T/2 \gg 1$ 时, 总存在近似关系 $\mathcal{F}_{\text{e/o}} \propto n_T^2/2$, 它具有跟海森堡极限相同的灵敏尺度. 然而, 对于 $r > 0$ 的情形, 此时的结论会变得更加复杂. 此时的量子 Fisher 信息依赖于态 $|\psi\rangle_a$ 的具体形式. 接下来, 本章将分别讨论几类常见的奇偶态: 数态 $|N\rangle_a$, 奇偶相干态 $|\alpha_{0\pm}\rangle_a$, 压缩真空态 $|\xi_0\rangle_a$ 和减光子压缩真空态 $|\zeta(1)\rangle_a$. 为了展示奇偶态在量子度量方面的优势, 在此本书先考虑相干态 $|\alpha_0\rangle_a$ 的性质来作为一个参考.

3. 相干态 $|\alpha_0\rangle_a$

假如干涉仪输入端口 a 输入的为相干态 $|\alpha_0\rangle_a$, 这里 $\alpha_0 = |\alpha_0|e^{i\theta_c}$. 当 $\theta_c = 0$ 时, 根据方程 (1.24) 和 (1.26), 量子 Fisher 信息的具体表达形式可表示为

$$\mathcal{F}_{|\alpha_0\rangle_a} = \frac{e^{2r}}{2\bar{n}_{\text{th}} + 1}\bar{n}_a + \bar{n}_b, \tag{1.30}$$

式中 $\bar{n}_a = \bar{n}_{|\alpha_0\rangle_a} = |\alpha_0|^2$, $\bar{n}_b = (2\bar{n}_{\text{th}} + 1)\sinh^2(r) + \bar{n}_{\text{th}}$. 需要注意的是, 方程 (1.30) 在文献 [40] 中已经用来分析当输入初始态为相干态和压缩真空态时的光子损耗效应. 而且它的量子 Cramér-Rao 界限下限可通过寻找对称对数导数的方法得到. 当 $0 \leqslant \bar{n}_{\text{th}} < (e^{2r} - 1)/2$ 时, 可求得 $\mathcal{F}_{|\alpha_0\rangle_a} > \mathcal{F}_{\text{SQL}}$, 这表明在此条件下标准量子极限可被超越. 通过分析函数

$$\Theta_{|\alpha_0\rangle_a} = |\alpha_0|^2 \left[\frac{\sinh(2r) - 4\bar{n}_{\text{th}}(\bar{n}_{\text{th}} + 1)\cosh(2r)}{2\bar{n}_{\text{th}} + 1} \right], \tag{1.31}$$

当 $0 \leqslant \bar{n}_{\text{th}} < (\sqrt{1 + \tanh(2r)} - 1)/2$ 时, 有 $\Theta_{|\alpha_0\rangle_a} > 0$. 这些关系式说明, 在热光子数很小的区间, 用相干态和压缩热态作为干涉仪的初始态可获得超过标准量子极限的相位估计精度. 然而, 此方案存在一个明显的弱点, 就是我们不能通过增加热光子数的方法来增加干涉仪中的总光子数

从而来提高绝对量子参数估计精度.

4. 数态 $|N\rangle_a$

对于数态 $|N\rangle_a$ 情形, a 模的平均光子数为 N. 此时, 可获得

$$\Theta_{|N\rangle_a} = 0, \tag{1.32}$$

以及量子 Fisher 信息[44]

$$\mathcal{F}_{|N\rangle_a} = N + \bar{n}_b + 2N\bar{n}_b. \tag{1.33}$$

对于固定的平均光子数 $\bar{n}_b$, $\mathcal{F}_{|N\rangle_a}$ 与压缩参数 r 无关. 这就说明用数态作为干涉仪的输入态时可自然地超越标准量子极限. 特别是, 当 $\bar{n}_{\text{th}} > (\sqrt{1+\tanh(2r)}-1)/2$ 时, 可以得到 $\mathcal{F}_{|N\rangle_a} > \mathcal{F}_{|\alpha_0\rangle_a}$. 因此, 对于足够大数目的热光子数 $\bar{n}_{\text{th}}$, 在本章讨论的方案中数态比相干态更适合用于相位精度的估计.

量子 Cramér-Rao 界限所给出的相位估计精度极限 $\Delta\phi_{\min}$ 可通过探测任意一个输出端口的光子数宇称来获得. 当指定 a 模时, 光子数的宇称测量算符可表示为

$$\Pi_a = (-1)^{a^\dagger a}. \tag{1.34}$$

以上宇称算符的期待值可通过计算输出态的 Wigner 函数的方法求得[43].

对于初始输入态 $|N\rangle_{aa}\langle N| \otimes \rho_b$, 它的 Wigner 函数可表示为

$$W_{\text{in}}(\alpha, \beta) = W_{|N\rangle_a}(\alpha) \, W_{\rho_b}(\beta). \tag{1.35}$$

这里 $W_{|N\rangle_a}(\alpha)$ 和 $W_{\rho_b}(\beta)$ 分别代表数态和压缩热态 ($\theta = 0$) 的 Wigner 函数[67]:

$$W_{|N\rangle_a}(\alpha) = \frac{2}{\pi}(-1)^N \exp(-2\,|\alpha|^2) L_N(4\,|\alpha|^2), \tag{1.36a}$$

$$W_{\rho_b}(\beta) = \frac{2}{\pi(2\bar{n}_{\text{th}}+1)} \exp\left[-\frac{2(\mathrm{e}^{2r}\beta_r^2 + \mathrm{e}^{-2r}\beta_i^2)}{2\bar{n}_{\text{th}}+1}\right], \tag{1.36b}$$

其中 $L_N(x)$ 为 N 阶拉格朗日多项式, 而 β_r 和 β_i 分别代表 β 的实部和虚部. 通过作如下变量代换

$$\alpha \to \tilde{\alpha} = \alpha \cos(\phi/2) + \beta \sin(\phi/2), \tag{1.37a}$$

$$\beta \to \tilde{\beta} = -\alpha \sin(\phi/2) + \beta \cos(\phi/2), \tag{1.37b}$$

并将上式代入初始输入态的 Wigner 函数 $W_{\text{in}}(\alpha, \beta)$ 中, 我们可以得到输出态的 Wigner 函数的表达式 (具体推导过程可参考附录 A):

$$W_{\text{out}}(\alpha, \beta) = W_{\text{in}}(\tilde{\alpha}, \tilde{\beta}). \tag{1.38}$$

宇称算符的期待值可进一步表示为

$$\langle \Pi_a \rangle_{|N\rangle_a} = \frac{\pi}{2} \int_{-\infty}^{\infty} W_{\text{out}}(0, \beta) \, \mathrm{d}^2\beta, \tag{1.39}$$

上式中 α 在相空间原点所对应的 Wigner 函数可求得

$$W_{\text{out}}(0, \beta) = \frac{4(-1)^N}{\pi^2(2\bar{n}_{\text{th}} + 1)} \exp\left(-A\beta_r^2 - B\beta_i^2\right) L_N\left(4\sin^2(\phi/2)|\beta|^2\right), \tag{1.40}$$

这里

$$A = 2\left[\frac{\mathrm{e}^{2r}}{2\bar{n}_{\text{th}} + 1} \cos^2(\phi/2) + \sin^2(\phi/2)\right], \tag{1.41a}$$

$$B = 2\left[\frac{\mathrm{e}^{-2r}}{2\bar{n}_{\text{th}} + 1} \cos^2(\phi/2) + \sin^2(\phi/2)\right]. \tag{1.41b}$$

虽然对于任意 N, 很难求得方程 (1.39) 的具体表达式. 然而, 当 N 较小时, 比如 $N = 0, 1, 2$ 时, 有

$$\langle \Pi_a \rangle_{|0\rangle_a} = \frac{2}{(2\bar{n}_{\text{th}} + 1)\sqrt{AB}}, \tag{1.42a}$$

$$\langle \Pi_a \rangle_{|1\rangle_a} = \frac{2\left[(A + B)(1 - \cos\phi) - AB\right]}{(2\bar{n}_{\text{th}} + 1)(AB)^{3/2}}, \tag{1.42b}$$

$$\langle \Pi_a \rangle_{|2\rangle_a} = \frac{2\Xi}{(2\bar{n}_{\text{th}} + 1)(AB)^{5/2}}, \tag{1.42c}$$

式中

$$\Xi = AB[AB - 2(A + B)(1 - \cos\phi)]$$
$$+ 2\sin^4(\phi/2)(3A^2 + 2AB + 3B^2). \tag{1.43}$$

利用 $\langle \Pi_a \rangle$ 的计算结果, 可获得宇称算符的标准方差

$$\Delta\Pi_a = \sqrt{\langle \Pi_a^2 \rangle - \langle \Pi_a \rangle^2} = \sqrt{1 - \langle \Pi_a \rangle^2}.$$

根据误差传递公式

$$\Delta\phi_{\min} = \min\left[\frac{\Delta\Pi_a}{|\mathrm{d}\langle \Pi_a \rangle/\mathrm{d}\phi|}\right], \tag{1.44}$$

对于 $N = 0, 1, 2$ 的情况并且当 $\phi \to 0$ 时, 可以通过解析求解的方法获得量子 Cramér-Rao 界限给出的最优估计精度 $\Delta\phi_{\min} = 1/\sqrt{\mathcal{F}_{|N\rangle_a}}$. 这就说明在我们所考虑的情况中, 量子 Cramér-Rao 界限给出的最优估计精度是可以通过宇称测量来获得的. 另外, 本书利用了数值计算的方法检验了对于大的 N 值, 发现上述结论同样成立.

5. 奇偶相干态 $|\alpha_{0\pm}\rangle_a$

现在, 可接着来讨论奇偶相干态的情况. 奇偶相干态也叫 Schrödinger 猫态, 它的定义式为

$$|\alpha_{0\pm}\rangle_a = \mathcal{N}_{\pm}^{\alpha_0}(|\alpha_0\rangle \pm |-\alpha_0\rangle), \tag{1.45}$$

其中 $\mathcal{N}_{\pm}^{\alpha_0} = 1/[2(1 \pm \mathrm{e}^{-2|\alpha_0|^2})]^{1/2}$ 为归一化常数. 不失一般性, 下面假设 α_0 为实数. 根据方程 (1.26), 可获得

$$\Theta_{|\alpha_{0\pm}\rangle_a} = \alpha_0^2(2\bar{n}_{\mathrm{th}} + 1)\sinh(2r). \tag{1.46}$$

因此, 相应的量子 Fisher 信息可表示为

$$\mathcal{F}_{|\alpha_{0\pm}\rangle_a} = (2\bar{n}_{\mathrm{th}} + 1)[\alpha_0^2 \sinh(2r) + \bar{n}_{|\alpha_{0\pm}\rangle_a}\cosh(2r)] + \bar{n}_b, \tag{1.47}$$

这里的平均光子数为

$$\bar{n}_{|\alpha_{0+}\rangle_a} = \alpha_0^2 \tanh(\alpha_0^2), \tag{1.48a}$$

$$\bar{n}_{|\alpha_{0-}\rangle_a} = \alpha_0^2 \coth(\alpha_0^2). \tag{1.48b}$$

当 $\alpha_0 \geqslant 2$ 时, 近似存在 $\bar{n}_{|\alpha_{0+}\rangle_a} \simeq \bar{n}_{|\alpha_{0-}\rangle_a} \simeq \alpha_0^2$, 此时对应的量子 Fisher 信息可近似的简化为

$$\mathcal{F}'_{|\alpha_{0+}\rangle_a} \simeq \mathcal{F}'_{|\alpha_{0-}\rangle_a} \simeq e^{2r}(2\bar{n}_{\text{th}} + 1)\bar{n}_{|\alpha_{0\pm}\rangle_a} + \bar{n}_b, \tag{1.49}$$

从上式 $\mathcal{F}'_{|\alpha_{0\pm}\rangle_a}$ 的表示形式, 不难看出只要 r 和 $\bar{n}_{\text{th}}$ 不同时为 0, 标准量子极限就可以被超越. 并且, 如果 $\bar{n}_{\text{th}}$ 满足条件

$$\bar{n}_a(2\bar{n}_{\text{th}} + 1) \sinh(2r) = \bar{n}_a^2 + \bar{n}_b^2 - (\bar{n}_a + \bar{n}_b), \tag{1.50}$$

海森堡极限也是可以达到的.

根据 $\mathcal{F}'_{|\alpha_{0\pm}\rangle_a}$ 的表达式, 很容易发现对于固定的压缩参数 r, 可以通过增加平均热光子数 $\bar{n}_{\text{th}}$ 的方法来获得大的量子 Fisher 信息. 这一点与相干态的情形完全不同, 从方程 (1.30) 中, 可以发现大的 $\bar{n}_{\text{th}}$ 将导致 $\mathcal{F}_{|\alpha_0\rangle_a} < \mathcal{F}_{\text{SQL}}$. 在此, 需要申明的是, 在当前实验条件下包含多光子的奇偶相干的制备还存在一定的困难, 但是这种情况在不久的将来可能会得到改善.

奇偶相干态的 Wigner 函数可写为[68]

$$W_{|\alpha_{0\pm}\rangle_a}(\alpha) = \frac{e^{-2|\alpha|^2}}{\pi \left(1 \pm e^{-2\alpha_0^2}\right)} \left[e^{-2\alpha_0^2 + 4\alpha_r\alpha_0} + e^{-2\alpha_0^2 - 4\alpha_r\alpha_0} \pm 2\cos(4\alpha_i\alpha_0) \right], \tag{1.51}$$

这里 α_r 和 α_i 分别代表 α 的实部和虚部. 根据方程 (1.51), 并利用上节中的相同方法, 同样也可求得宇称算符的期待值

$$\langle \Pi_a \rangle_{|\alpha_{0\pm}\rangle_a} = \frac{2 \left[e^{-2\alpha_0^2} \exp\left(\dfrac{C^2}{4A}\right) \pm \exp\left(-\dfrac{C^2}{4B}\right) \right]}{(2\bar{n}_{\text{th}} + 1)\left(1 \pm e^{-2\alpha_0^2}\right)\sqrt{AB}}, \tag{1.52}$$

式中 A 和 B 已在方程 (1.41) 中给出, 这里

$$C = 4\alpha_0 \sin(\phi/2). \tag{1.53}$$

利用方程 (1.44) 和 (1.52), 可以验证: 当 $\phi \to 0$ 时, 量子 Cramér-Rao 界限的下限 $\Delta\phi_{\min} = 1/\sqrt{\mathcal{F}_{|\alpha_{0\pm}\rangle_a}}$ 可以被达到.

6. 压缩真空态 $|\xi_0\rangle_a$

当干涉仪 a 端输入的为压缩真空态 $|\xi_0\rangle_a = S_a(\xi_0)|0\rangle_a$ 时, 其中 $\xi_0 = Re^{i\theta_0}$. 这是一个偶态, 它的平均光子数为 $\bar{n}_a = \bar{n}_{|\xi_0\rangle_a} = \sinh^2(R)$. 根据相位匹配条件 $\theta_0 = \pi^{[66]}$, 有

$$\Theta_{|\xi_0\rangle_a} = (\bar{n}_{\mathrm{th}} + 1/2)\sinh(2R)\sinh(2r). \tag{1.54}$$

此时的量子 Fisher 信息为

$$\mathcal{F}_{|\xi_0\rangle_a} = (\bar{n}_{\mathrm{th}} + 1/2)\cosh[2(R+r)] - 1/2. \tag{1.55}$$

当 $\bar{n}_a \gg 1$ 时, 方程 (1.55) 可近似化简为

$$\mathcal{F}'_{|\xi_0\rangle_a} \simeq e^{2r}(2\bar{n}_{\mathrm{th}} + 1)\bar{n}_{|\xi_0\rangle_a} + \bar{n}_b, \tag{1.56}$$

它跟方程 (1.49) 有类似的表达形式. 利用压缩真空态的 Wigner 函数[67]

$$W_{|\xi_0\rangle_a}(\alpha) = \frac{2}{\pi}\exp\left[-2(e^{-2R}\alpha_r^2 + e^{2R}\alpha_i^2)\right], \tag{1.57}$$

宇称测量信号的期待值可获得为

$$\langle\Pi_a\rangle_{|\xi_0\rangle_a} = \frac{2}{(2\bar{n}_{\mathrm{th}} + 1)\sqrt{A_1 B_1}}, \tag{1.58}$$

在此, 引入了

$$A_1 = \frac{2e^{2r}}{2\bar{n}_{\mathrm{th}} + 1}\cos^2(\phi/2) + 2e^{-2R}\sin^2(\phi/2), \tag{1.59a}$$

$$B_1 = \frac{2e^{-2r}}{2\bar{n}_{\mathrm{th}} + 1}\cos^2(\phi/2) + 2e^{2R}\sin^2(\phi/2). \tag{1.59b}$$

基于方程 (1.44) 和 (1.58), 在极限条件 $\phi \to 0$ 下, 可获得量子 Cramér-Rao 界限所给定的最优相位估计精度 $\Delta\phi_{\min} = 1/\sqrt{\mathcal{F}_{|\xi_0\rangle_a}}$.

7. 减单光子压缩真空态 $|\zeta(1)\rangle_a$

减单光子压缩真空态的定义式为

$$|\zeta(1)\rangle_a = \mathcal{N}_1 a S_a(\zeta)|0\rangle_a, \tag{1.60}$$

这里的 $\zeta = R'\mathrm{e}^{\mathrm{i}\theta'}$, 而 $\mathcal{N}_1 = 1/\sinh(R')$ 为归一化常数. 丢掉一个平庸的相位因子后, 态 $|\zeta(1)\rangle_a$ 等价于压缩单光子态 $S_a(\zeta)|1\rangle_a$. 它们在小振幅的情况下跟叠加相干态的保真度几乎为 1[69]. 注意对于将压缩单光子态和相干态作为干涉仪的输入态的方案在文献 [70] 中已有研究. 取 $\theta' = \pi$, 则有

$$\Theta_{|\zeta(1)\rangle_a} = 3(\bar{n}_{\mathrm{th}} + 1/2)\sinh(2R')\sinh(2r), \tag{1.61}$$

此时的平均光子数为 $\bar{n}_a = \bar{n}_{|\zeta(1)\rangle_a} = 1 + 3\sinh^2(R')$. 根据方程 (1.24), 量子 Fisher 信息可表示为

$$\mathcal{F}_{|\zeta(1)\rangle_a} = 3(\bar{n}_{\mathrm{th}} + 1/2)\cosh[2(R' + r)] - 1/2, \tag{1.62}$$

而相应的量子 Cramér-Rao 界限下限为 $\Delta\phi_{\min} = 1/\sqrt{\mathcal{F}_{|\zeta(1)\rangle_a}}$. 当执行宇称测量时, 可获得

$$\langle \Pi_a \rangle_{|\zeta(1)\rangle_a} = \frac{2}{(2\bar{n}_{\mathrm{th}} + 1)\sqrt{A_1 B_1}}\left(\frac{A_2}{2A_1} + \frac{B_2}{2B_1} - 1\right), \tag{1.63}$$

这里的 A_1 和 B_1 只需要对方程 (1.59) 做如下替换: $R \to R'$, 而 A_2 和 B_2 定义为

$$A_2 = 4\mathrm{e}^{-2R'}\sin^2(\phi/2), \quad B_2 = 4\mathrm{e}^{2R'}\sin^2(\phi/2). \tag{1.64}$$

在方程 (1.63) 的推导过程中, 利用了减单光子压缩真空态的 Wigner 函数[71]

$$W_{|\zeta(1)\rangle_a}(\alpha) = \frac{2}{\pi}\exp\left[-2(\mathrm{e}^{-2R'}\alpha_r^2 + \mathrm{e}^{2R'}\alpha_i^2)\right]\left[4(\mathrm{e}^{-2R'}\alpha_r^2 + \mathrm{e}^{2R'}\alpha_i^2) - 1\right]. \tag{1.65}$$

根据方程 (1.44) 和 (1.63), 可以发现最优的相位灵敏度, $\Delta\phi_{\min} = 1/\sqrt{\mathcal{F}_{|\zeta(1)\rangle_a}}$, 可在 $\phi \to 0$ 时达到.

8. 量子 Cramér-Rao 下限与平均热光子数 $\bar{n}_{\mathrm{th}}$ 之间的关系

在上面的章节中, 已经分析了将不同的奇偶态输入干涉仪的 a 模, 而将压缩热态输入 b 模时所能估计的相位灵敏度. 为了更好的展示这些结果, 在表 1.1 中列出了不同奇偶态的平均光子数, 它们的 $\Theta_{|\psi\rangle_a}$ 函数以及相应的量子 Fisher 信息. 它们的最优相位不确定度可通过关系式 $\Delta\phi_{\min} = 1/\sqrt{\mathcal{F}_{|\psi\rangle_a}}$ 来获得. 对于上述所考虑的所有奇偶态, 标准量子极限都可以被超越因为 $\mathcal{F}_{|\psi\rangle_a} > n_T$, 而且这些相位灵敏度 $\Delta\phi_{\min}$ 都可以通过宇称测量得到.

表 1.1　不同输入态下量子 Fisher 信息的比较

$|\psi\rangle_a$	$\bar{n}_a$	$\Theta_{|\psi\rangle_a}$	$\mathcal{F}_{|\psi\rangle_a}$
$|N\rangle_a$	N	0	$N + \bar{n}_b + 2N\bar{n}_b > n_T$
$|\alpha_{0\pm}\rangle_a$	α_0^2 for $\alpha_0 \geqslant 2$	$\alpha_0^2(2\bar{n}_{\mathrm{th}}+1)\sinh(2r)$	$\alpha_0^2(2\bar{n}_{\mathrm{th}}+1)\sinh(2r) > n_T$
$|\xi_0\rangle_a$	$\sinh^2(R)$	$(\bar{n}_{\mathrm{th}}+1/2)\sinh(2R)\sinh(2r)$	$(\bar{n}_{\mathrm{th}}+1/2)\cosh[2(R+r)] - 1/2 > n_T$
$|\zeta(1)\rangle_a$	$1+3\sinh^2(R')$	$3(\bar{n}_{\mathrm{th}}+1/2)\sinh(2R')\sinh(2r)$	$3(\bar{n}_{\mathrm{th}}+1/2)\cosh[2(R'+r)] - 1/2 > n_T$

注: Mach-Zehnder 干涉仪的两个输入端分别输入奇偶态和压缩热态时, a 模的平均光子数 $\bar{n}_a$, $\Theta_{|\psi\rangle_a}$ 以及相应的量子 Fisher 信息 $\mathcal{F}_{|\psi\rangle_a}$. 这里 $|\psi\rangle_a$ 考虑了数态 $|N\rangle_a$, 奇偶相干态 $|\alpha_{0\pm}\rangle_a$, 压缩真空态 $|\xi_0\rangle_a$ (其中 $\xi_0 = -R$), 以及减单光子压缩真空态 $|\zeta(1)\rangle_a$ (其中 $\zeta = -R'$). b 模的平均光子数为 $\bar{n}_b = (2\bar{n}_{\mathrm{th}}+1)\sinh^2(r) + \bar{n}_{\mathrm{th}}$, 总的光子数为 $n_T = \bar{n}_a + \bar{n}_b$. 最小相位不确定度可由 $\Delta\phi_{\min} = 1/\sqrt{\mathcal{F}_{|\psi\rangle_a}}$ 确定. 这里考虑的所有态都可以获得超过标准量子极限的相位灵敏度因为 $\mathcal{F}_{|\psi\rangle_a} > n_T$, 而且 $\Delta\phi_{\min}$ 可以通过宇称测量来得到.

为了展示对于各类不同的输入态的相位灵敏度的具体情况, 图 1.4 中给出了量子 Cramér-Rao 下限 $\Delta\phi_{\min} = 1/\sqrt{\mathcal{F}_{|\psi\rangle_a}}$ 随热光子数 $\bar{n}_{\mathrm{th}}$ 变化的函数图像. 图中首先固定了 a 模的平均光子数: $\bar{n}_a \simeq 4$. 这里所分析的奇偶态的光子数都是当前或在不久将来实验上可达到的. 对于数态

$|N\rangle_a$, $\bar{n}_a \simeq 4$ 意味着 $N = 4$. 在实验上, 超过两光子[72]和三光子[73]的数态在当前的光学实验上已经实现了. 对于奇偶相干态 $|\alpha_{0\pm}\rangle_a$, $\bar{n}_a \simeq 4$ 对应于 $\alpha_0 \simeq 2$, 这个值已经很接近当前的实验水平了. 当前的一个实验[74]报道了 $\alpha_0 \simeq \sqrt{2.6}$ 的叠加相干态. 对于压缩真空态和减单光子压缩真空态, 分别取了 $R \simeq 1.45$ 和 $R' \simeq 0.94$, 它们满足 $\sinh^2(R) = 1 + 3\sinh^2(R')$ 或者 $\cosh(2R) = 3\cosh(2R')$. 压缩参数 $R = 1.45$ 对应的压缩为 12.6 dB, 这个值已经可在实验上得以实现了[75].

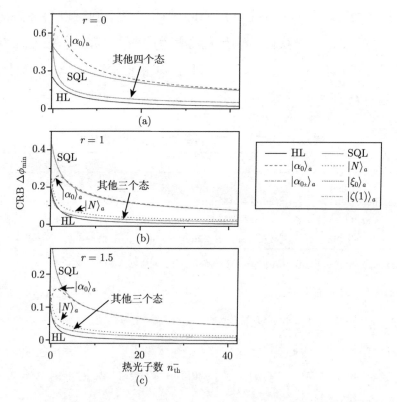

图 1.4　最优相位灵敏度 $\Delta\phi_{\min} \equiv (\mathcal{F}_{|\psi\rangle_a})^{-1/2}$ 随平均热光子数 $\bar{n}_{\mathrm{th}}$ 变化的函数图像

图中考虑的干涉仪 a 端的输入态分别为: 相干态 $|\alpha_0\rangle_a$ (虚线), 数态 $|N\rangle_a$ (点线), 奇偶相干态 $|\alpha_{0\pm}\rangle_a$ (点线), 压缩真空态 $|\xi_0\rangle_a$ (短虚线) 和减单光子压缩真空态 $|\zeta(1)\rangle_a$ (虚短线). 这里 a 模的平均光子数设为 $\bar{n}_a \simeq 4$, b 模输入的是压缩热态 ρ_b 压缩参数为 (a) $r = 0$, (b) $r = 1$, (c) $r = 1.5$. 海森堡极限 (黑实线) 和标准量子极限 (实线) 被引入作为参考

如图 1.4 所示, 当增加 $\bar{n}_{\mathrm{th}}$ 时, 所输入的奇偶态所获得的相位不确定度出现单调递减. 在一些特定的参数区间, 相位不确定度甚至可以达到海森堡极限. 然而对于相干态情形, 随着 $\bar{n}_{\mathrm{th}}$ 增加, 相位不确定度是先增加然后再迅速减小, 最终趋近于标准量子极限. 当 $r = 0$, 即 ρ_b 为热态时, 从图 1.4(a) 可以发现最优相位灵敏度满足

$$\Delta\phi_{|\alpha_{0\pm}\rangle_a} = \Delta\phi_{|\xi_0\rangle_a} = \Delta\phi_{|\zeta(1)\rangle_a} \leqslant \Delta\phi_{|\alpha\rangle_a},$$

式中最后一个等号成立当且仅当 $\bar{n}_{\mathrm{th}} = 0$, 即 ρ_b 为真空态时成立. 当 ρ_b 为热态时, 最优相位灵敏度对于所有的奇偶相干态而言是一致的, 而且都能超越标准量子极限. 这一点可从表达式 $\mathcal{F}_{\mathrm{e/o}}$ 中看到. 但是, 对于相干态而言, 所能达到的最优相位灵敏度不能超过标准量子极限, 这是因为两个经典态通过分束器后不能产生纠缠[76].

当 $r > 0$, 如图 1.4(b) 和 (c) 所示, 对于奇偶态而言相位灵敏度总可以超过标准量子极限. 当满足 $\bar{n}_b \sim \bar{n}_a$ 时, 甚至可以达到海森堡极限. 对相干态情形, 只有当 $\bar{n}_{\mathrm{th}}$ 足够小时, 其所能达到的相位灵敏度才能超过标准量子极限. 这是因为当 $0 \leqslant \bar{n}_{\mathrm{th}} < (e^{2r} - 1)/2$ 时, 存在 $\mathcal{F}_{|\alpha_0\rangle_a} > \mathcal{F}_{\mathrm{SQL}}$. 此外, 对于图 1.4 中给定的态, 在相同的 $\bar{n}_{\mathrm{th}}$ 值上, 从上到下 (图 1.4(a)—(c)) 相位的绝对不确定度值单调减小, 这是因为增加压缩参数的同时相应的总光子数也增加了.

以上的研究表明, 当纯态输入端为奇偶态时, 相位估计的灵敏度可以大大地提高. 通过将奇偶态和高强度的热态输入到干涉仪中, 可以得到超过标准量子极限的相位灵敏度, 并且这时的灵敏度只依赖于输入的总光子数而跟奇偶态的具体形式无关. 当热态变为压缩热态时, 此时的相位灵敏度可得到进一步的提高, 当合适的奇偶态被输入时甚至可得到海森堡极限的相位灵敏度. 这些超灵敏的相位不确定度可通过宇称测量来实现.

1.3.2　原子系统中的参数估计

与光学系统中的参数估计相对应的是基于原子系统中的参数估计 (比如原子频标、原子钟等). 在原子系统中, 我们需采用的干涉仪通常为 Ramsey 干涉仪 (如图 1.2(b) 所示). 与 Mach-Zehnder 干涉仪相比, Ramsey 干涉仪中的两个 $\pi/2$ 脉冲相当于 Mach-Zehnder 干涉仪中的两个分束器, 而自由演化阶段完成两个原子能级间的相位积累过程. 在物理上它与光学 Mach-Zehnder 干涉仪具有相同的工作原理. 可以认为 Ramsey 干涉仪实际上就是一个原子版本的 Mach-Zehnder 干涉仪. 在 Ramsey 干涉仪中, 当输入的初始态为自旋相干态 (它为单个自旋态的直积态且所有原子都被制备在相同的自旋态上) 时, 所获得的参数估计精度将不会超过标准量子极限. 实验上为了能够获得超越标准量子极限的参数估计精度, 就需要引入原子的自旋关联. 1992 年, D. J. Wineland 等提出了利用自旋压缩来提高原子干涉实验中的参数估计精度. 在存在自旋压缩的情况下, 原子系统中的参数估计精度可达到 $\xi/\sqrt{N}$ [77], 它相对于标准量子极限而言精度提高了 ξ 倍, 其中 ξ 为自旋压缩参数且 $\xi < 1$. 由于自旋压缩具有在实验上容易制备等特点, 近些年来利用自旋压缩来提高原子系统中的参数估计的的实验工作也获得了一些重要进展.

当前, M. K. Oberthaler 实验组[78]以及 P. Treutlein 实验组[79]就几乎同时在实验上实现了在玻色–爱因斯坦凝聚体 (BEC) 原子中, 利用原子间的相互作用产生的非线性作用所诱导的自旋压缩来有效地提高参数的估计精度的方案. 这两个实验表明, 这种基于 BEC 原子间非线性相互作用而形成的非线性干涉仪可在初始制备的自旋相干态的情况下, 达到超越标准量子极限的参数估计精度.

M. K. Oberthaler 实验组的实验方案如图 1.5 所示, 它包含六个独立的 ^{87}Rb BEC 原子系综 (总原子数为 2300), 每个 BEC 原子系综都被置于一个一维的光晶格势中. 这样有利于在六个势阱中同时开展平行的

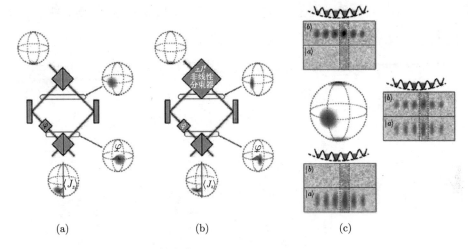

图 1.5[78]　比较线性和非线性干涉仪

(a) 经典 Mach-Zehnder 干涉仪. (b) 非线性 Mach-Zehnder 干涉仪. 单轴扭曲哈密顿量类似于非线性的

分束器, 它可产生自旋压缩从而提高参数估计的精度. (c) 六个独立的 ^{87}Rb BEC 原子系综 (总原子数为

2300), 被分别置于一维的光晶格势中

实验, 从而提高确定的测量时间内的统计次数. 他们首先将光晶格中的 ^{87}Rb 原子制备到原子的一个超精细态 $|b\rangle = |F = 1, m_F = -1\rangle$ 上, 在射频脉冲的作用下态 $|b\rangle$ 将实现与另一个超精细态 $|a\rangle = |F = 1, m_F = 1\rangle$ 的耦合. 精细态 $|a\rangle$ 和 $|b\rangle$ 形成了一个两能级原子系统. 在单模近似下, 它们的动力学演化遵循 "单轴扭曲" 哈密顿量

$$H/\hbar = \Delta\omega_0 J_z + \chi J_z^2 + \Omega J_\phi. \tag{1.66}$$

这里 $J_\phi = J_x \cos\phi + J_y \sin\phi$ 描述在射频脉冲的作用下的自旋转动, 其中 Ω 和 ϕ 分别代表射频脉冲的频率与相位.

　　上式中的非线性相互作用 $\chi \propto a_{aa} + a_{bb} - 2a_{ab}$ 依赖于同种以及不同原子间的相互作用强度. 实验上可以通过 Feshbach 共振的技术来调节不同原子类型间的相互作用, 进而提高原子间的非线性相互作用强度来产生大的自旋压缩. 该实验最大可达到的自旋压缩为 $\xi^2 = -8.2\mathrm{dB}$, 即实现了大约 170 个 ^{87}Rb 间的纠缠. 他们的实验数据还表明与非纠缠的自旋相干态相比, 该方案可将相位灵敏度提高 15%.

　　P. Treutlein 实验组的方案则为将 BEC 原子置于原子芯片中来产生自旋压缩, 从而获得超越标准量子极限的参数估计精度. 其实验方案以及实验结果如图 1.6 所示. 在他们的方案中同样考虑的是 ^{87}Rb 的两个超

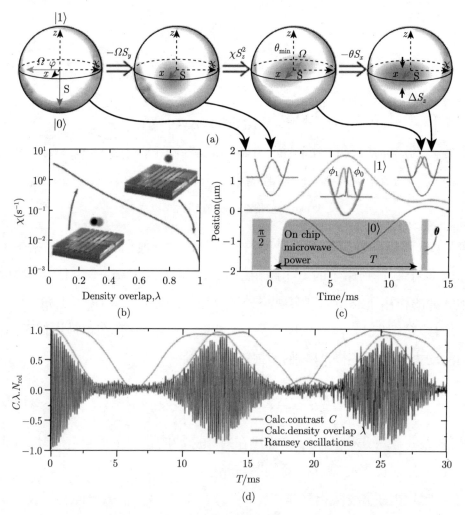

图 1.6[79]　将 BEC 原子置于原子芯片中产生的自旋压缩

(a) BEC 原子内态的动力学演化在 Bloch 球上的表示; (b) 在原子芯片上实现对非线性相互作用强度 χ

的控制; (c) 实验序列以及两个 BEC 分量的运动; (d) 在归一化的布局差中测量 Ramsey 条纹

精细自旋态 $|1\rangle = |F = 1, m_F = 1\rangle$ 和 $|0\rangle = |F = 1, m_F = -1\rangle$. 并且它们也同样遵循与方程 (1.66) 中类似的"单轴扭曲"哈密顿量. 所不同的是, 在此原子间有效的非线性加强是通过调节自旋分量间的空间距离来实现的. 他们的实验可获得的干涉常数为 $C = 2|\langle S_x \rangle|/N = (88 \pm 3)\%$, 预示着产生的自旋压缩为 $\xi^2 = -2.5 \pm 0.6 \mathrm{dB}$. 这就意味着该实验可获得超过标准量子极限 $-2.5 \pm 0.6 \mathrm{dB}$ 的参数估计精度.

本书以下章节将结合作者的一些研究成果重点考虑基于原子系统中的一些量子度量学问题.

第2章　利用动力学退耦脉冲序列保护噪声环境下的量子参数估计精度

2.1　引　　言

量子度量学是关于量子测量和量子统计推断的一门学科, 它研究的是如何精确地测量物理量. 精确的测量和推测物理体系中的物理参数是科学分析实验数据的一个重要组成部分, 因此它在实验和理论上都有着重要的意义. 量子度量学成为量子频率标准、弱磁场探测、引力波探测以及原子钟等研究领域中的基本课题[1-5]. 近年来, 研究者发现量子纠缠态可作为一种有效的物理资源来提高物理系统的参数估计精度[15-20,22-25,34]. 也就是说由于纠缠的存在, 量子态对参数的变化更加敏感. 使用合适的量子纠缠态, 理论上可以使参数估计的误差涨落可达到海森堡极限, 这将远远高于使用可分离态进行估计所能达到的上限 (标准量子极限). 这就为人们如何得到更高的参数估计精度打开了一扇新的大门. 然而某些纠缠态可使系统的参数估计精度达到海森堡极限, 是基于孤立系统而言, 即忽略系统与它所处环境之间的相互作用. 在实际情况下对参数变化敏感的纠缠态, 对环境噪声所引起的扰动也同样非常敏感[34-38], 在环境退相干的作用下量子态的纠缠将会迅速衰减掉. 因此, 海森堡极限尺度的参数估计精度在噪声环境系统中是很难达到的. 事实上, 用量子纠缠态进行参数估计所能提高的精度刚好被环境的马尔可夫噪声所抵消. 即在马尔可夫环境中最大纠缠态所能达到的参数估计精度的上限和可分离态是一样的. 因此, 探讨在具体环境噪声 (主要是非马尔可夫噪声) 下的量子度量学并寻找合适的方案来消除环境噪声对量子度量所引起的负面效应来最大限度的提高系统的参数估计精度是一件值得广大学者深入研究的课题. 因此, 如果人们想在存在环境噪声的情况下获得高的参数估计精度, 就必须设法抑制环境的退相干因素.

在量子信息领域人们为了克服环境的退相干效应从而保护系统量子态已经发展了多种有效方案, 比如, 构造无退相干子空间 (DFS)[80, 81]、动力学退耦方案[82-93] 和量子反馈等. 如果能把这些方案应用到量子度量学领域, 那么在噪声环境下实现海森堡极限水平的参数估计精度也将变为可能. 2012 年, Dorner[3] 就研究了通过构造无退相干子空间的办法来抑制存储在泡利势阱中的 N 个离子的集体去相位影响. 他的研究表明, 在这种无退相干子空间中, 当使用合适的纠缠态作为探测态可使原子的频标探测达到海森堡极限的精度. 此外, 动力学退耦方案也被到引入到弱磁场的探测领域, 该方案可极大地提高基于作用在金刚石色心系统上的振荡磁场的灵敏度. 在文献 [11] 中, 作者研究了如何在存在噪声的情形下提取最大的量子信息, 在他们的工作中动力学退耦脉冲也被用来恢复处于热库环境中的单比特信息.

本章将考虑如何通过动力学退耦脉冲序列的方法来提高噪声系统中参数估计精度 [94]. 利用转移矩阵和精确的含时克劳斯算符, 书中得到了在存在动力学退耦脉冲时的量子 Fisher 信息以及参数估计精度的解析表达式, 验证了动力学退耦脉冲可以非常有效地保护噪声环境下的参数估计精度.

2.2 退耦脉冲条件下 N-比特在噪声环境下的动力学演化

本小节将研究在退耦脉冲作用下 N-比特在噪声环境下的动力学演化. 在此考虑了 N 个比特与 N 个独立热库相互作用的情形. 假设这 N

对"比特 + 热库"所组成的系统之间没有相互作用, 则整个系统的动力学演化可通过计算单个独立的"比特 + 热库"对来获得.

2.2.1　受控哈密顿量

在受控脉冲作用下单个比特与它自身的热库相互作用的哈密顿量 $H(t)$, 可表示为

$$H = H_S(t) + H_B + H_I, \tag{2.1}$$

其中

$$H_B = \sum_j \omega_j a_j^\dagger a_j, \quad H_I = \sum_j g_j(\sigma_- a_j^\dagger + \sigma_+ a_j) \tag{2.2}$$

分别代表热库以及比特与热库相互作用的哈密顿量. 此处受控比特的哈密顿量为

$$
\begin{aligned}
H_S(t) &= H_S + H_c(t) \\
&= \frac{\omega_0}{2}\sigma_z + \frac{\pi}{2}\sum_{n=1}^{\infty}\delta(t - nT)\sigma_z,
\end{aligned}
\tag{2.3}
$$

上式包含两部分, 第一项为哈密顿量的自由演化部分; 第二项为受控部分, 它包含一系列瞬时 π 脉冲序列 (脉冲的宽度足够窄), 其中 T 为两个相邻脉冲之间的时间间隔. 每个脉冲作用在单比特上所产生的效应为使它绕 z 轴旋转 π 角度, 其对应的算符表示为 $U_c = -\mathrm{i}\sigma_z$.

选取

$$U(t) = \hat{\mathrm{T}}\exp\left[-\mathrm{i}\int_0^t \mathrm{d}t' H_c(t')\right],$$

则在脉冲作用下整个系统的有效哈密顿量 H_{eff} 为

$$
\begin{aligned}
H_{\mathrm{eff}} &= U^\dagger(H_B + H_S + H_I)U(t) \\
&= \omega_0|\mathrm{e}\rangle\langle\mathrm{e}| + \sum_j \omega_j a_j^\dagger a_j + \sum_j g_j(-1)^n(\sigma_- a_j^\dagger + \sigma_+ a_j),
\end{aligned}
\tag{2.4}
$$

这里 $n = [t/T]$ 为 t/T 的整数部分, 它代表总的脉冲数目. 在上式的推导过程中利用了关系式 $\sigma_z\sigma_\pm\sigma_z = -\sigma_\pm$, 并且忽略了一个守恒的常量. 从上式中, 可以清楚的看到控制脉冲只是周期性的改变 g_j 的符号, 最终导致 $\langle H_I \rangle = 0$.

2.2.2 模型求解

在低温极限下并且在单激发空间中, 哈密顿量 (2.4) 可被精确求解. 在此, 假设系统跟环境组成的总系统的初始态可写成如下形式:

$$|\Psi(0)\rangle = [C_e(0)|e\rangle + C_g(0)|g\rangle]\,|0\rangle_E, \tag{2.5}$$

经过时间的演化, t 时刻的态为

$$|\Psi(t)\rangle = [C_e(t)|e\rangle + C_g(t)|g\rangle]\,|0\rangle_E + \sum_j C_j(t)|g\rangle|1_j\rangle_E, \tag{2.6}$$

这里 $|1_j\rangle$ 表示库的第 j 个模式被激发. 注意基矢 $|g\rangle|0\rangle_E$ 在旋波近似下将不发生演化.

将方程 (2.4) 和 (2.6) 代入 Schrödinger 方程中, 可以得到如下耦合方程组:

$$\begin{cases} \dot{C}_e(t) = -\mathrm{i}\omega_0 C_e(t) - \mathrm{i}\sum_j g_j(-1)^{\left[\frac{t}{T}\right]}C_j(t), \\ \dot{C}_j(t) = -\mathrm{i}\omega_j C_j(t) - \mathrm{i}g_j(-1)^{\left[\frac{t}{T}\right]}C_e(t). \end{cases} \tag{2.7}$$

为了求得 $\dot{C}_e(t)$ 和 $\dot{C}_j(t)$, 可以在旋转坐标的框架下来展开讨论, 令 $c_e(t) = C_e(t)\mathrm{e}^{\mathrm{i}\omega_0 t}$, $c_j(t) = C_j(t)\mathrm{e}^{\mathrm{i}\omega_j t}$[92], 则可得到

$$\begin{cases} \dot{c}_e(t) = -\mathrm{i}\sum_j g_j(-1)^{\left[\frac{t}{T}\right]}\mathrm{e}^{\mathrm{i}(\omega_0-\omega_j)t}c_j(t), \\ \dot{c}_j(t) = -\mathrm{i}g_j(-1)^{\left[\frac{t}{T}\right]}\mathrm{e}^{-\mathrm{i}(\omega_0-\omega_j)t}c_e(t). \end{cases} \tag{2.8}$$

假设 $c_j(0) = C_j(0) = 0$, 可以得到 $c_e(t)$ 相关的封闭方程

$$\dot{c}_e(t) = -\int_0^t \mathrm{d}t_1 f(t-t_1)c_e(t_1) \tag{2.9}$$

式中 $f(t - t_1)$ 为与库的谱密度 $J(\omega)$ 相关的关联函数. 当比特与腔模发生共振时, 此时的环境的谱密度满足洛伦兹分布[95]:

$$J(\omega) = \frac{1}{2\pi} \frac{\gamma_0 \lambda^2}{(\omega_0 - \omega)^2 + \lambda^2},\qquad(2.10)$$

这里 λ 为谱的耦合宽度, 它跟库的关联时间 τ_B 相关, 具体关系为 $\tau_B = \lambda^{-1}$. 而 γ_0 则与原子激发态的衰减率相关. 在马尔可夫极限下有 $\tau_R = \gamma_0^{-1}$. 代入环境的谱密度并进行积分运算, 此时的关联函数可表示为

$$f(t - t_1) = \frac{1}{2}(-1)^{\left[\frac{t}{T}\right] + \left[\frac{t_1}{T}\right]} \gamma_0 \lambda e^{-\lambda(t - t_1)}.\qquad(2.11)$$

这里的前置因子 $(-1)^{\left[\frac{t}{T}\right] + \left[\frac{t_1}{T}\right]}$ 来源于 π 脉冲序列. 如果 $n = 0\,(T \to \infty)$, 存在

$$\lim_{T \to \infty} (-1)^{\left[\frac{t}{T}\right] + \left[\frac{t_1}{T}\right]} = 1.$$

当 $t \in [nT, (n+1)T)$ 时, 方程 (2.9) 的通解可推导为 (细节部分参照附录 B)

$$c_e(t) = \begin{cases} e^{-\lambda t/2}[2\Delta_n F_1(n) + (1 + \lambda\Delta_n)F_2(n)]c_e(0), & \lambda = 2\gamma_0, \\ e^{-\lambda t/2}[A_n \cosh(\Delta_n d) + B_n \sinh(\Delta_n d)]c_e(0), & \lambda \neq 2\gamma_0, \end{cases}$$
$$(2.12)$$

其中 $d = \sqrt{\lambda^2 - 2\gamma_0\lambda}$ 且 $\Delta_n = (t - nT)/2$. 系数 F_1 与 F_2 在下式中给出:

$$F_1 = \frac{\lambda^2 T(p_+^n - p_-^n)}{4\sqrt{(\lambda T)^2 + 4}}, \quad F_2 = \frac{p_+^n + p_-^n}{2} + \frac{\lambda^2 T}{4} F_1 \qquad(2.13)$$

其中 $p_\pm = \frac{1}{2}[1 \pm \sqrt{(\lambda T)^2 + 4}]$. 下面将主要考虑 $\lambda \neq 2\gamma_0$ 的情形. 在存在控制脉冲作用的情形下, 系数 A_n 和 $B_n\,(n \geqslant 1)$ 可表示为

$$\begin{pmatrix} A_n \\ B_n \end{pmatrix} = M^n \begin{pmatrix} A_0 \\ B_0 \end{pmatrix},\qquad(2.14)$$

式中的初始值 $A_0 = 1$ 和 $B_0 = \lambda/d^{[95]}$ 表示不存在脉冲作用. 在脉冲作用下, 对应的转移矩阵为

$$M = \begin{pmatrix} \cosh(\tau) & \sinh(\tau) \\ \dfrac{2\lambda}{d}\cosh(\tau) - \sinh(\tau) & \dfrac{2\lambda}{d}\sinh(\tau) - \cosh(\tau) \end{pmatrix}, \qquad (2.15)$$

上式中已令 $\tau = Td/2$. 对角化上式的转移矩阵可得到

$$A_n = \alpha_+ m_+^n + \alpha_- m_-^n, \quad B_n = \beta_+ m_+^n + \beta_- m_-^n, \qquad (2.16)$$

这里

$$\alpha_\pm = \frac{1}{2}\left[1 \pm \cosh(\tau)/\Theta\right], \quad m_\pm = \frac{\lambda}{d}\sinh(\tau) \pm \Theta,$$

$$\beta_\pm = \alpha_\pm[m_\pm - \cosh(\tau)]/\sinh(\tau), \qquad (2.17)$$

且 $\Theta = \sqrt{1 + \left[\dfrac{\lambda}{d}\sinh(\tau)\right]^2}$. 进一步对于有限时间 t 和 λ 在 $n \to \infty$ $(T \to 0)$ 的极限条件下, 存在 $\cosh(\tau) \simeq 1$ 和 $\sinh(\tau) \simeq \tau$, 此时有

$$A_n \approx \left(1 + \frac{\lambda T}{2}\right)^n \quad 和 \quad B_n \approx \frac{\lambda}{d}\left[A_n - \frac{\lambda T}{2}\left(\frac{\lambda T}{2} - 1\right)^n\right].$$

因此可得到 $c_e(t) \approx c_e(0)$, 这就意味着环境的退相干效应被完全抑制了.

通过定义衰减率 $\kappa(t) \equiv \dfrac{c_e(t)}{c_e(0)} \in [0, 1]$, 可以将比特系统的约化密度矩阵 $\rho_S(t)$ 用克劳斯算符来表示[26](见附录 B):

$$\rho_S(\varphi, t) = \sum_i K_i(\varphi, t)\rho_S(0)K_i^\dagger(\varphi, t) \equiv \mathcal{E}_\varphi(t)[\rho_S(0)], \qquad (2.18)$$

其中 $\varphi = \omega_0 t$. 这里时间相关的克劳斯算符可表示为

$$K_1(\varphi, t) = e^{i\varphi/2}\kappa(t)|e\rangle\langle e| + e^{-i\varphi/2}|g\rangle\langle g|,$$

$$K_2(\varphi, t) = \sqrt{1 - \kappa(t)^2}\,e^{-i\varphi/2}|g\rangle\langle e|. \qquad (2.19)$$

它对应振幅阻尼模型. 当 $\kappa(t) \to 1$, 存在

$$K_1(\varphi,t) \to \mathrm{e}^{-\mathrm{i}\varphi\sigma_z/2} \quad \text{和} \quad K_2(\varphi,t) \to 0.$$

利用上式的克劳斯算符, N-比特系统随时间演化的约化密度矩阵可表示为

$$\rho(t) = \sum_{\mu_1,\cdots,\mu_N} \left[\otimes_{i=1}^N K_{\mu_i}(t)\right] \rho(0) \left[\otimes_{i=1}^N K_{\mu_i}^\dagger(t)\right], \tag{2.20}$$

这里 $K_{\mu_i}(t)$ 代表第 i 个量子比特所对应的克劳斯算符.

2.3 利用 π 脉冲序列保护参数估计精度

接下来, 将研究如何保护噪声环境下量子 Fisher 信息以及未知参数 φ 的估计精度. 如图 2.1 所示, N 个量子比特被置于 N 个独立的热库环境中. 每个量子比特在它自身的热库作用下发生退相干. 为了能够抑制住环境噪声所诱导的这种退相干现象, π 脉冲序列被同时作用在每个量子比特上. 每个量子比特所对应的哈密顿量已在方程 (2.1) 中给出. 为了能够获得最大的量子 Fisher 信息, 本章所研究的初始态为 GHZ 态:

$$|\psi_{\mathrm{in}}(0)\rangle = \frac{1}{\sqrt{2}} \left(|0\rangle^{\otimes N} + |1\rangle^{\otimes N}\right), \tag{2.21}$$

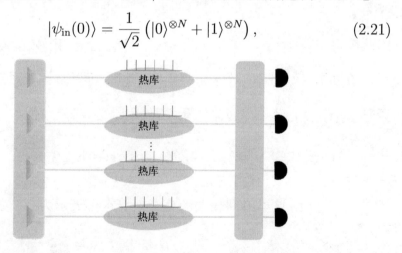

图 2.1　在退耦脉冲条件下的 N-量子比特噪声环境下的参数估计方案

图中总的演化过程可通过矢量直积 $\mathcal{E}_\varphi^{\otimes N}$ 来描述

其中 $\sigma_z|0\rangle = |0\rangle, \sigma_z|1\rangle = -|1\rangle$. 这种最大纠缠态可获得海森堡极限 $1/N$ 的参数估计精度.

根据方程 (2.20), t 时刻系统总的约化密度矩阵可表示为[4]

$$
\begin{aligned}
\rho_S(t) = \frac{1}{2} \Big[&\mathcal{E}_\varphi(t)(|0\rangle\langle0|)^{\otimes N} + \mathcal{E}_\varphi(t)(|0\rangle\langle1|)^{\otimes N} \\
&+ \mathcal{E}_\varphi(t)(|1\rangle\langle0|)^{\otimes N} + \mathcal{E}_\varphi(t)(|1\rangle\langle1|)^{\otimes N} \Big] \\
= &\varrho_1 \oplus \varrho_2,
\end{aligned}
\tag{2.22}
$$

式中 $\mathcal{E}_\varphi(t)$ 表示在动力学退耦脉冲作用下的噪声通道, 且

$$
\left\{
\begin{aligned}
\varrho_1 &= \frac{1}{2} \sum_{m=1}^{N-1} \kappa(t)^{2(N-m)} \big[1 - \kappa(t)^2\big]^m |0\rangle\langle0|^{\otimes(N-m)}|1\rangle\langle1|^{\otimes m}, \\
\varrho_2 &= \frac{1}{2} \big[\kappa(t)^{2N}|0\rangle\langle0|^{\otimes N} + [1 + (1 - \kappa(t)^2)^N]|1\rangle\langle1|^{\otimes N} \\
&\quad + \kappa(t)^N \left(\mathrm{e}^{-\mathrm{i}N\varphi}|0\rangle\langle1|^{\otimes N} + \mathrm{e}^{\mathrm{i}N\varphi}|1\rangle\langle0|^{\otimes N}\right) \big].
\end{aligned}
\right.
\tag{2.23}
$$

上式中的对角化矩阵 ϱ_1 与参数 φ 无关, 因此当估计参数 φ 时, 只需要考虑 ϱ_2. 在此, 用计算量子 Fisher 信息的方法来估计所能达到的最大参数估计精度.

为了计算量子 Fisher 信息, 首先将矩阵 ϱ_2 对角化为

$$
\varrho_2 = \sum_i p_i(t) |\psi_i\rangle\langle\psi_i|,
$$

其中 $\{|\psi_i\rangle\}$ 为 ϱ_2 的本征态, 其对应的本征值为 $\{p_i\}$.

在此对角化表象中, 可求得量子 Fisher 信息的解析表达式 (见附录 B 所示) 为

$$
F[\rho(\varphi, t)] = \frac{8N^2\kappa(t)^{2N}}{1 + (1 - \kappa(t)^2)^N + \kappa(t)^{2N}}.
\tag{2.24}
$$

根据量子 Cramér-Rao 界限, 参数 φ 的最小估计涨落为

$$
\Delta\varphi_{\min}(t) \equiv \frac{1}{\sqrt{F[\rho(\varphi, t)]}} = \frac{\sqrt{2(1 + [1 - \kappa(t)^2]^N + \kappa(t)^{2N})}}{4N\kappa(t)^N}.
\tag{2.25}
$$

上式中已经假定测量次数 $\nu = 1$. 方程 (2.24) 和 (2.25) 为衰减率 $\kappa(t)$ 和量子比特数目 N 的函数.

从方程 (2.25) 中, 可以发现在初始时刻存在 $\kappa(0) = 1$, 对应的量子 Fisher 信息和参数估计的不确定度分别为 $F[\rho(\varphi, 0)] = N^2$ 和 $\Delta\varphi_{\min}(t) = 1/N$. 在这种情况下大的粒子数 N, 有助于提高参数估计的精度. 然而, 当 $\kappa(t) \to 0$ 时 (没有退耦脉冲且 $t \to \infty$), 有 $F[\rho(\varphi, t)] \to 0$, 此时基于参数 φ 的量子 Fisher 信息已经完全丢失, 从而导致参数 φ 在此情况下不能被精确估计, 即 $\Delta\varphi_{\min}(t) \to \infty$. 更糟糕的是, 随着粒子数 N 的增加, $[\kappa(t)]^N$ 快速衰减. 因此, 这里存在着 $[\kappa(t)]^N$ 和 N 之间的竞争关系. 为了充分发挥大粒子数 N 的优势, 就必须要抑制 $\kappa(t)$ 的衰减. 幸运的是, 在存在退耦脉冲的情况下, 当 $n \to \infty$ $(T \to 0)$ 时, 可以获得趋近于 1 的 $\kappa(t)$ 值, 如上节所分析. 此时, 可获得海森堡极限的参数估计精度.

为了清楚地展示动力学退耦脉冲序列对参数估计精度的影响, 图 2.2 和图 2.3 给出了平均量子 Fisher 信息 $\bar{F} = F/N$ 和参数灵敏度 $\Delta\varphi_{\min}$ 随时间 t, 脉冲数目 n 以及量子比特数目 N 的变化关系. 这里 λ 代表热库的关联时间 $\tau_B = \lambda^{-1}$.

图 2.2(a) 描述了平均量子 Fisher 信息 $\bar{F} = F/N$ 随时间变化的关系. $\bar{F} > 1$ 表示粒子间存在纠缠[4, 25]. 对应固定的粒子数 $N = 5$, 图中不同的曲线对应着不同的 λ 值和脉冲数目 n. 从图中可, 发现在存在 $(n = 20)$ 和不存在 $(n = 0)$ 退耦脉冲时, 所观察到的现象完全不同. 在不加脉冲的情况下, 当 $\lambda = \gamma_0$ 时, $\bar{F}$ 迅速降为零. 而退耦脉冲序列可改善这种情况, 但是仍然不能完全恢复量子 Fisher 信息. 相比之下, $\lambda = 0.04\gamma_0$ 的情况就要好很多, 因为小的 λ 代表着更长的库关联时间 τ_B. 在这种情况下, 当采用 π 脉冲序列时几乎可以完全恢复丢失的信息.

为了探讨库的关联时间 τ_B 对控制脉冲作用效率的影响. 图 2.2(b) 比较了固定时刻 $\gamma_0 t = 10$, 当 λ 取不同值时, $\bar{F}$ 随脉冲数目 n 的变化关系. 从图中可发现, 恢复丢失的量子信息所需要的脉冲数目随 λ 值的减小而减小. 比如, 当 $\lambda = 0.04\gamma_0$ 时, 就需要大约 20 个脉冲来完全恢复初始时刻的量子 Fisher 信息. 然而当 $\lambda = \gamma_0$ 时, 达到同样的效果时就需要大约 100 个脉冲.

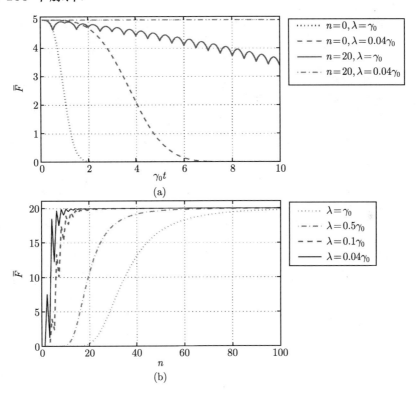

图 2.2 动力学退耦合脉冲下的平均量子 Fisher 信息 $\bar{F}$

(a) 当 $N = 5$ 时, 平均量子 Fisher 信息 $\bar{F}$ 随时间 $\gamma_0 t$ 的变化关系; (b) 当 $\gamma_0 t = 10$ 且 $N = 20$, 平均量子 Fisher 信息 $\bar{F}$ 随脉冲数目 n 的变化关系

图 2.3 比较了在固定时刻 $\gamma_0 t = 10$, $\Delta\varphi_{\min}$ 的值随量子比特数目 N 以及控制脉冲数目 n 的变化关系. 图中阴影部分的上限和下限分别代表海森堡极限和标准量子极限. 从图中可以发现随着量子比特数目的增加, 所能达到的误差极限单调减小.

图 2.3(a) 反映了最小误差不确定度 $\Delta\varphi_{\min}$ 依赖于量子比特数目 N

和 λ. 当固定脉冲数目 $n = 20$ 和演化时刻 $\gamma_0 t = 10$ 时, 随着比特数目的增加, 海森堡极限的参数估计精度一直可以被达到. 然而当 $\lambda = \gamma_0$ 时, 它的情况就完全不同了, 此时超过标准量子极限的参数估计精度只在量子比特数目 $N < 16$ 时获得. 而且当 $N > 16$ 时, 参数估计的误差迅速增加. 在固定时刻 $\gamma_0 t = 10$ 时, 最小误差不确定度 $\Delta\varphi_{\min}$ 随脉冲数目的函数图像在图 2.3(b) 中也被给出. 图 2.3(b) 阐述了只要脉冲数目足够大, 海森堡极限的参数估计精度总可以被达到, 并且 λ 越大所需要的脉冲数目也就越多. 总之, 只要 $T \ll \tau_B(= \lambda^{-1})$, 那么书中的动力学退耦方案总是有效的.

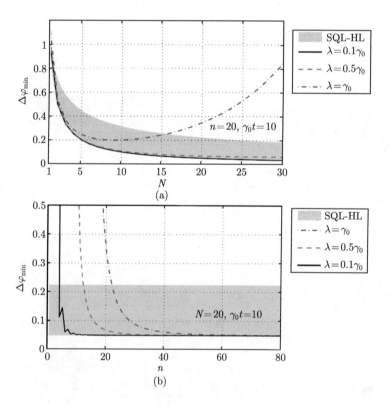

图 2.3　在固定时刻 $\gamma_0 t = 10$, 比较 $\Delta\varphi_{\min}$ 在不同的 λ 下随 (a) 量子比特数目 N 以及 (b) 脉冲数目 n 的变化关系

图中阴影部分代表海森堡极限与标准量子极限之间的取值

2.4 本章小结

本章提出了一种通过动力学退耦脉冲的方法来提高噪声环境系统中的参数估计精度的方案. 此方案考虑了 N 个量子比特置于 N 个独立热库中的情形. 借助转移矩阵和时间相关的克劳斯算符, 本章得到未知参数 φ 估计精度的精确解析表达式. 通过分析所得到的解析表达式, 书中阐述了即使在噪声环境中海森堡极限的参数估计精度可以通过退耦脉冲得以保持, 而且所需脉冲的数目依赖于热库的关联时间.

最后, 需要强调的是, 本章所得到的所有结论是基于理想 π 情形, 即假设所有的脉冲作用时间足够短. 这就意味着所采用脉冲的持续时间及脉冲误差被完全忽略了. 然而在实验上这种理想的情形几乎不存在. 这些非完美的脉冲将会积累一些额外的相位误差, 且这种误差随着脉冲数目的增加而增加, 从而影响参数的估计精度. 为了最大程度地减小这种误差, 可以考虑采用一种最优脉冲序列[88]. 尽管这种脉冲序列在形式上比较复杂, 然而在达到同样的参数估计精度时它所需要的脉冲数目可以极大的减少. 关于这种最优脉冲序列对参数估计精度的影响, 将在下一章中详细讨论.

第 3 章 动力学退耦脉冲作用下去相位噪声辅助的参数估计精度提高

3.1 引 言

原子干涉仪由于其在量子度量学中的潜在应用而引起人们的广泛关注[4,78,79,96−101]. 原子的玻色–爱因斯坦凝聚体 (BEC) 因为特有的相干属性以及可控的非线性相互作用[102, 103] 等特征被认为是作为原子干涉仪最理想的一种资源. BEC 原子间的相互作用产生的非线性作用所诱导的自旋压缩[104−109] 可有效地提高参数的估计精度.

BEC 所具备的这种能产生高压缩态并且作为非线性干涉仪的能力, 已在当前的两个实验中得到了验证[78, 79]. 这两个实验表明, 这种非线性干涉仪可在初始制备的自旋相干态的情况下, 达到超越标准量子极限的参数估计精度. 然而, 当 BEC 的模式间存在空间叠加时[4, 78, 79], 非线性干涉仪中通过 s-波散射所诱导的原子与原子间的非线性相互作用强度通常都很小. 为了加强原子间的这种非线性相互作用, 当前的实验主要是借助于 Feshbach 共振或将 BEC 的模式实施空间分离等技术. 而这些方法所产生的负面效应是大大减少了原子数目, 从而限制了可达到的自旋压缩度. 在文献 [99] 中, 作者提出了通过 BEC 原子与所处热库粒子间碰撞的方法来显著加强原子间非线性相互作用的方法. 这种原子间非线性的作用的加强来源于环境噪声的诱导相互作用, 这就说明环境噪声有时也可以被看做是一种有效的资源来提高原子干涉仪中的参数估计精度. 但是众所周知的是, 环境的退相干效应通常是扮演着量子相干性破坏的角色. 大量的研究表明, 环境噪声所产生的退相干作用已经成为产生特定的自旋压缩的一种主要障碍, 进而极大地限制了量子度量中的参数估计精度[110−116]. 因此, 如果人们想充分利用噪声环境所诱导的非线性相互作用来提高系统的参数估计精度, 那么抑制噪声环境所带来的相干性破坏作用就显得格外重要.

动力学退耦技术[82,88,90−94,117−119] 作为一种主动对抗退相干的方法已经在量子信息领域得到了广泛的应用. 当前这种技术也被引入到了磁度量学领域用来探测振荡磁场的灵敏度[2,120−122]. 在上一章中, 研究了如何利用动力学退耦脉冲来保持噪声环境下的参数估计精度. 那么一个问题就自然而然地出现了, 能否利用动力学退耦脉冲来实现环境退相干所诱导的参数估计精度加强呢?

本章将给上述问题一个肯定的回答[123]. 本章将研究动力学退耦脉冲序列如何影响量子度量中的两个重要的物理量[108,124,125]: 自旋压缩和量子 Fisher 信息. 文中比较了两种不同的退耦序列——周期性动力学退耦 (PDD) 序列[82, 90] 和 Uhrig 动力学退耦 (UDD) 序列[88, 91] 对参数估计精度的影响. 本章的研究结果表明, 这两种动力学退耦脉冲序列都能在保持退相干诱导的非线性相互作用的同时, 有效地抑制住环境对量子相干性的破坏作用. 本章的研究结果还表明了相比于 PDD 序列, UDD 序列能更有效地抑制住环境对量子相干性的破坏作用, 进而可以更容易地达到退相干所诱导的自旋压缩的极限值 $\xi^2 \simeq N^{-2/3}$ [106, 107], 这里 ξ^2 为自旋压缩参数, N 为系统中的总原子数目. 此外, 本章还发现, 当采用 UDD 序列时还可以有效地将量子 Fisher 信息相比于初始态 (自旋相干态) 放大 $\simeq N/2$ 倍. 这就意味着在环境去相位噪声的辅助作用下, 参数估计的不确定度可以从标准量子极限 $1/\sqrt{N}$ 降低到海森堡尺度 $\sqrt{2}/N$.

3.2 动力学退耦脉冲序列作用下的两分量玻色–爱因斯坦凝聚中的去相位退相干

本小节将给出将要研究处于去相位环境中的两分量 BEC 系统与外场相互作用的物理模型. 同时将研究在两种不同的动力学退耦合脉冲序列 (PDD 和 UDD) 作用下, 两分量 BEC 在去相位环境中的动力学演化. 文中所考虑的两分量 BEC 系统可由当前的实验[78, 79, 126, 127] 来实现, 它包含了原子的两个不同的超精细结构.

3.2.1 模型与哈密顿量

此处所考虑的两分量 BEC 来源于原子的两个不同超精细内态 $|A\rangle$ 和 $|B\rangle$, 它们通过拉曼激光或微波场耦合. 系统总的哈密顿量可表示为 [128]

$$H_S = H_A + H_B + H_E, \tag{3.1}$$

$$H_i = \int \mathrm{d}\boldsymbol{x}\hat{\psi}_i^\dagger(\boldsymbol{x}) \left[-\frac{\nabla^2}{2m} + V_i(\boldsymbol{x}) \right.$$
$$\left. + \sum_j \frac{U_{ij}}{2}\hat{\psi}_j^\dagger(\boldsymbol{x})\hat{\psi}_j(\boldsymbol{x}) \right] \hat{\psi}_i(\boldsymbol{x}), \quad (i,j) = (A,B), \tag{3.2}$$

$$H_E = \frac{1}{2}\int \mathrm{d}\boldsymbol{x} \left[\Lambda\hat{\psi}_A^\dagger(\boldsymbol{x})\hat{\psi}_B(\boldsymbol{x}) + \Lambda^*\hat{\psi}_B^\dagger(\boldsymbol{x})\hat{\psi}_A(\boldsymbol{x}) \right], \tag{3.3}$$

式中 $\hat{\psi}_i(\boldsymbol{x})$ 和 $\hat{\psi}_i^\dagger(\boldsymbol{x})$ 为超精细态 $|i\rangle$ $(i = A, B)$ 所对应的场算符. 它们分别表示在位置 $\boldsymbol{x}$ 上湮灭和产生一个原子. 原子态 $|i\rangle$ 所处的囚禁势为 $V_i(\boldsymbol{x})$, 它们的质量为 m. 上式中 U_{AA}, U_{BB} 和 U_{AB} 分别代表处于态 $|A\rangle$, $|B\rangle$ 上的同种模式原子间内部的碰撞, 以及不同模式原子间的相互碰撞. 而 Λ 为有效 Rabi 频率. 这里需要指出的是, 此处忽略了 BEC 原子间的三体复合效应[129–134]. 三体复合效应作为 BEC 系统中的一种内秉原

子数衰减机制, 它强依赖于 s-波的散射强度、原子的密度以及外加磁场. 事实上, 当 BEC 系统的原子密度较低且远离 Feshbach 共振区时, 相比于两体碰撞 U_{ij} 而言, 三体复合效应可以忽略不计. 此外, 这种效应还可以通过外加磁场和共振激光脉冲来抑制的[133].

对于弱相互作用的 BEC 系统, 在低温条件下热激发原子的数目较少. 此时, 可以忽略除 BEC 基态模式之外的所有模式, 这时就可以利用所谓的原子场算符的单激发近似 $\hat{\psi}_A(\boldsymbol{x}) \approx a\varphi_A(\boldsymbol{x})$ 和 $\hat{\psi}_B(\boldsymbol{x}) \approx b\varphi_B(\boldsymbol{x})$, 其中 $\varphi_i(\boldsymbol{x})(i = A, B)$ 为原子内态 $|i\rangle$ 的归一化波函数. 这里 a 和 b 为通常的玻色子湮灭算符, 它们遵循如下玻色子对易关系:

$$[a, a^\dagger] = 1, \quad [b, b^\dagger] = 1, \quad [a, b^\dagger] = 0, \quad [a, b] = 0.$$

在单激发近似下哈密顿量 (3.1) 可重新表示为[135, 136]

$$\begin{aligned}
H_S =&\ \omega_A a^\dagger a + \omega_B b^\dagger b + \frac{\Omega}{2}(a^\dagger b + ab^\dagger) \\
&+ u_{AB} a^\dagger a b^\dagger b + \frac{u_{AA}}{2} a^{\dagger 2} a^2 + \frac{u_{BB}}{2} b^{\dagger 2} b^2,
\end{aligned} \tag{3.4}$$

式中相关参数为

$$\omega_i = \int \mathrm{d}\boldsymbol{x}\varphi_i^*(\boldsymbol{x}) \left[-\frac{\nabla^2}{2m} + V_i(\boldsymbol{x}) \right] \varphi_i(\boldsymbol{x}), \quad i = A, B,$$

$$u_{ij} = U_{ij} \int \mathrm{d}\boldsymbol{x} |\varphi_i(\boldsymbol{x})|^2 |\varphi_j(\boldsymbol{x})|^2, \quad i, j = A, B,$$

$$\Omega = \Lambda \int \mathrm{d}\boldsymbol{x}\varphi_A^*(\boldsymbol{x})\varphi_B(\boldsymbol{x}). \tag{3.5}$$

定义角动量算符:

$$J_x = (a^\dagger b + ab^\dagger)/2, \quad J_y = (a^\dagger b - ab^\dagger)/(2i), \quad J_z = (b^\dagger b - a^\dagger a)/2,$$

此时方程 (3.4) 中的两分量 BEC 系统的哈密顿量可简化为 "单轴扭曲" (OAT) 哈密顿量[106]

$$H_S = \Omega J_x + \lambda J_z + \chi J_z^2, \tag{3.6}$$

式中相关的参数定义为

$$\lambda = \omega_B - \omega_A + (u_{BB} - u_{AA})(\hat{N} - 1)/2,$$

$$\chi = (u_{BB} + u_{AA} - 2u_{AB})/2. \tag{3.7}$$

此处　$\hat{N} = a^\dagger a + b^\dagger b$ 为原子数算符, 而 χ 为同种原子间以及不同原子间的相互作用所产生的非线性相互作用量, 它依赖于 s-波散射强度 u_{ij}, $(i,j) = (A,B)$.

值得说明的是, 方程 (3.4) 中所给出的"单轴扭曲"的哈密顿量已被两个实验组[78, 79] 在基于两分量 BEC 的量子度量实验中得以实现. 在他们的实验中三种散射强度 u_{ij} $((i,j) = (A,B))$ 的值非常接近. 在实验 [78] 和实验 [79] 中, 它们的比值分别为 $u_{AA} : u_{BB} : u_{AB} = 100 : 97.7 : 95$ 和 $u_{AA} : u_{BB} : u_{AB} = 100.4 : 95.0 : 97.7$. 这就导致了非常小的有效非线性相互作用强度 χJ_z^2. 这种非线性在 $\chi N/\Omega \ll 1$ 对应的 Rabi 区间可以直接忽略. 需要注意的是, $\chi \simeq 0$ 代表了同种原子间与不同原子间的非线性强度正好相互抵消, 但它并不表示忽略了原子间的相互作用. 这点可很容易从方程 (3.7) 得出, 即当 $u_{BB} + u_{AA} \simeq 2u_{AB}$ 时存在 $\chi \simeq 0$.

接下来, 将研究环境退相干效应对 BEC 系统的影响. BEC 系统与环境之间不可避免的相互作用将导致系统的退相干. 对于我们所考虑的 BEC 系统, 主要的退相干来源于背景热原子[128,135−138]. 主要存在两类两体凝聚态原子与背景热原子间的相互作用: 弹性碰撞与非弹性碰撞. 弹性碰撞情形不改变 BEC 原子的数目, 然而非弹性碰撞将改变原子的数目. 对于前者主要导致相位阻尼, 即去相位噪声. 当温度足够低时将只有少数非凝聚原子具备足够大的能量来将凝聚原子撞出 BEC 系统. 此时, 去相位将为主要的噪声源, 因此本章将只考虑去相位噪声对 BEC 系统的影响. 在此, 利用无穷维谐振子来模拟背景热库, 其对应的产生算子与湮灭算子分别为 $c_k^\dagger$ 和 c_k. 利用这些算符, 热库的哈密顿量可表示为

$$H_R = \sum_k \omega_k c_k^\dagger c_k, \tag{3.8}$$

这里的 ω_k 为热库的第 k 个模式的振荡频率. 而 BEC 系统与热库之间的去相位相互作用的哈密顿量可表示为[95, 99, 118, 139, 140]

$$H_I = J_z \sum_k g_k \left(c_k^\dagger + c_k \right), \tag{3.9}$$

它描述的是由于 BEC 原子与热原子间弹性碰撞所产生的去相位相互作用.

下面, 将展示动力学退耦脉冲序列可在有效的抑制环境噪声所产生的退相干的破坏作用的同时能有效地保持环境噪声所诱导的非线性相互作用. 一个动力学退耦脉冲序列包含 n 个动力学退耦 π 脉冲. 它们将总的演化时间间隔 t 分裂为 $n+1$ 个小的时间间隔 $t_j (0 \leqslant j \leqslant n)$, 其中 $t_0 = 0$ 而 $t_{n+1} = t$. 每个理想的 π 脉冲对应于 $\Omega(\tau) = \Omega_0 \delta(\tau - t_j)$ 且

$$\int_{t_j - \sigma}^{t_j + \sigma} \Omega(s) \mathrm{d}s = \pi,$$

其中 $\tau \in [0, t]$ 而 $\sigma \to 0$. 在 t_j 时刻有

$$\mathrm{e}^{\mathrm{i}\pi J_x} J_z \mathrm{e}^{-\mathrm{i}\pi J_x} = -J_z.$$

在相对于 H_R 的相互作用表象中, 在退耦脉冲作用下的系统总的哈密顿量为

$$H_I(\tau) = \lambda \epsilon(\tau) J_z + \chi J_z^2 + \epsilon(\tau) J_z \sum_k g_k \left(c_k^\dagger \mathrm{e}^{\mathrm{i}\omega_k \tau} + c_k \mathrm{e}^{-\mathrm{i}\omega_k \tau} \right), \tag{3.10}$$

这里开关函数 $\epsilon(\tau)$ 在 t_j 时刻改变 J_z 的符号 (即 $J_z \to -J_z$), 其定义关系式为

$$\epsilon(\tau) = \sum_{j=0}^n (-1)^j \theta(\tau - t_j) \theta(t_{j+1} - \tau), \tag{3.11}$$

其中 $\theta(x)$ 为 Heaviside 阶梯函数.

利用曼克奈斯展开[99, 141], 可求得系统所遵循的时间演化算符[99, 141]

$$
\begin{aligned}
U(t) &= \mathrm{T}_+ \exp\left[-\mathrm{i}\int_0^t H_I(t')\mathrm{d}t'\right] \\
&= \exp\left\{-\mathrm{i}[\phi(t)J_z + \tilde{\Delta}(t)J_z^2]\right\} V(t),
\end{aligned}
\tag{3.12}
$$

这里 T_+ 为时序算符, 上式的相位为

$$
\phi(t) = \int_0^t \lambda\epsilon(\tau)\mathrm{d}\tau,
$$

其他相关的参数可表示为

$$
\tilde{\Delta}(t) \equiv \Delta(t) + \chi t,
$$

$$
\Delta(t) = \sum_k g_k^2 \int_0^t \mathrm{d}\tau \int_0^\tau \mathrm{d}\tau' \epsilon(\tau)\epsilon(\tau')\sin\omega_k(\tau' - \tau),
$$

$$
V(t) = \exp\left[J_z \sum_k (\alpha_k c_k^\dagger - \alpha_k^* c_k)\right],
\tag{3.13}
$$

式中 $\alpha_k = -\mathrm{i}g_k \int_0^t \mathrm{e}^{\mathrm{i}\omega_k\tau}\epsilon(\tau)\,\mathrm{d}s$. 方程 (3.13) 中的 $\Delta(t)$ 为噪声所诱导的非线性相互作用强度. 对于小的 χt 始终存在 $\Delta(t) \approx \tilde{\Delta}(t)$, 这表明 BEC 原子间的非线性相互作用可以通过环境的去相位噪声得到极大的加强 (如图 3.1 (b) 所示).

3.2.2　动力学退耦脉冲序列作用下的系统动力学演化

现在, 来研究在存在动力学脉冲的情况下, BEC 系统在环境的去相位噪声下的动力学演化. 假设系统和环境的在初始时刻总的密度算符为

$$
\rho(0) = |\Psi(0)\rangle\langle\Psi(0)| \otimes \rho_B,
\tag{3.14}
$$

这里 $|\Psi(0)\rangle = \sum_m c_m(0)|j, m\rangle$ 为相干自旋态 (CSS), 它的概率幅为 $c_m = 2^{-j}\left(\mathrm{C}_{2j}^{j+m}\right)^{1/2}$, 对于总的 BEC 原子数 N 其总自旋为 $j = N/2$. 以上

的 CSS 为作为一种最优量子态来产生最强的自旋压缩[106, 107]. 在方程 (3.14) 中, ρ_B 为热库的所处的热平衡态, 其定义关系为

$$\rho_B = \Pi_k[1 - \exp(-\beta\omega_k)]\exp(-\beta\omega_k c_k^\dagger c_k), \tag{3.15}$$

这里的 β 为温度的倒数 ($\beta = 1/(k_B T)$, 下文中将假设玻尔兹曼系数 $k_B = 1$).

根据方程 (3.12), 系统的约化密度矩阵元可以通过以下方程确定

$$\begin{aligned}\rho_{jm,jn}(t) &= \mathrm{Tr}_B\left[\langle j, m|\, U(t)\rho(0)U^{-1}(t)\,|j, n\rangle\right] \\ &= \mathrm{e}^{-\mathrm{i}\phi(t)(m-n)}\,\mathrm{e}^{-\mathrm{i}(m^2-n^2)\tilde{\Delta}(t)}\mathrm{e}^{-(m-n)^2 R(t)}\rho_{jm,jn}(0).\end{aligned} \tag{3.16}$$

在方程 (3.16) 中, 退相干函数为 (详细推导可见附录 C)

$$R(t) = \int_0^\infty \mathrm{d}\omega\, F_n(\omega, t)G(\omega), \tag{3.17}$$

它是滤波函数

$$F_n(\omega, t) = \frac{1}{2\omega^2}\left|1 + (-1)^{n+1}\mathrm{e}^{\mathrm{i}\omega t} + 2\sum_{j=1}^n(-1)^j\mathrm{e}^{\mathrm{i}\omega t_j}\right|^2 \tag{3.18}$$

和与温度相关的谱函数

$$G(\omega) = J(\omega)[2n(\omega) + 1] = J(\omega)\coth(\beta\omega/2) \tag{3.19}$$

的重叠积分. 上式中 $J(\omega)$ 为谱密度, 而 $n(\omega) = [\exp(\beta\omega) - 1]^{-1}$ 为热库的玻尔兹曼分布函数.

将以上谱密度 $J(\omega) = \sum_k g_k^2 \delta(\omega - \omega_k)$ 代入方程 (3.13), 则噪声所诱导的原子间的非线性相互作用可重新表述为 (相关推导见附录 C)

$$\Delta(t) = \int_0^\infty \mathrm{d}\omega\, J(\omega)f_n(\omega, t), \tag{3.20}$$

式中

$$f_n(\omega, t) = \vartheta(\omega, t) + \mu(\omega, t) - t/\omega,$$

$$\vartheta(\omega, t) = \frac{1}{\omega^2} \left[2 \sum_{m=1}^{n} (-1)^m \sin(\omega t_m) + (-1)^{n+2} \sin(\omega t) \right],$$

$$\mu(\omega, t) = \frac{2}{\omega^2} \left\{ \sum_{m=1}^{n} \sum_{j=1}^{m} (-1)^{m+j} \left(\sin[\omega(t_{m+1} - t_j)] - \sin[\omega(t_m - t_j)] \right) \right\},$$

$$\tag{3.21}$$

它们不依赖于环境的温度. 注意, 上式所得到的结果要比在动力学退耦脉冲作用下的单比特情形[88]复杂得多.

假设 BEC 系统处在一维势阱中, 则热库的谱密度可表示为欧姆谱型

$$J(\omega) = \alpha \omega \mathrm{e}^{-\omega/\omega_c}, \tag{3.22}$$

这里 α 为系统与热库间的耦合强度, ω_c 为截断频率. 根据方程 (3.17) 和 (3.20), 可发现当不存在控制脉冲 ($n = 0$) 时, 有[95, 142, 143]

$$R(t) = \alpha \int_0^\infty \mathrm{d}\omega \, \omega \mathrm{e}^{-\omega/\omega_c} \coth(\beta\omega/2) \frac{1 - \cos(\omega t)}{\omega^2},$$

$$\Delta(t) = \alpha[\arctan(\omega_c t) - \omega_c t], \tag{3.23}$$

当环境温度足够低时 ($\beta\omega_c \gg 1$), 上式中的退相干函数可进一步化简为

$$R(t) = \alpha \left\{ \frac{1}{2} \ln(1 + \omega_c^2 t^2) + \ln \left[\frac{\beta}{\pi t} \sinh(\pi t/\beta) \right] \right\}. \tag{3.24}$$

对于 PDD 序列, 它的 π 脉冲作用的时间间隔相等,

$$t_j^{\mathrm{PDD}} = jt/(n+1), \tag{3.25}$$

此时方程 (3.17) 和 (3.20) 中的调制谱可分别表示为[88]

$$F_n^{\mathrm{PDD}}(\omega, t) = \tan^2[\omega t/(2n+2)][1 + (-1)^n \cos(\omega t)]/\omega^2,$$

$$f_n^{\mathrm{PDD}}(\omega, t) = \frac{2(-1)^{n+1}\sin(\omega t) + \omega t}{\omega^2}$$
$$+2\tan\left(\frac{\omega t}{2n+2}\right)\frac{(-1)^n\cos(\omega t) - n}{\omega^2}$$
$$+\tan^2\left(\frac{\omega t}{2n+2}\right)\frac{(-1)^n\sin(\omega t)}{\omega^2}. \tag{3.26}$$

然而对于 UDD 序列[88], 则有

$$t_j^{\mathrm{UDD}} = t\sin^2\left[j\pi/(2n+2)\right], \tag{3.27}$$

相应的滤波函数为

$$F_n^{\mathrm{UDD}}(\omega, t) \approx 8(n+1)^2 J_{n+1}^2(\omega t/2)/\omega^2, \tag{3.28}$$

其中 $J_n(x)$ 为贝塞尔函数且存在[88]

$$(n+1)J_{n+1}^2(x) \propto [x/(n+1)]^{2n+2}.$$

而函数 $f_n^{\mathrm{UDD}}(\omega, t)$ 同样可通过将 t_j^{UDD} 代入方程 (3.21) 来获得.

这里值得注意的是, 尽管函数 $R(t)$ 和 $\Delta(t)$ 都起源于环境噪声, 然而它们对系统所起的作用却完全不同. 换句话说, $\Delta(t)$ 能诱导 BEC 系统中的量子关联, 而 $R(t)$ 却破坏这种关联. 这些结果就表明, 如果我们想要充分利用环境噪声所带来的优势, 就必须设法抑制住 $R(t)$ 所带来的负面效应. 值得庆幸的是, 从图 3.1 中可以发现在动力学退耦脉冲序列的作用下, 退相干函数 $R(t)$ 的值可以趋近于零, 而噪声所诱导的非线性相互作用项 $\Delta(t)$ 却仍然能得以保留, 即 $\tilde{\Delta}(t) > \chi t$.

另外, 从图 3.1 中可以进一步发现相比于 PDD 序列, UDD 序列能够更有效地抑制退相干函数 $R(t)$. 其原因可解释如下: 根据方程 (3.26) 可以很清楚地发现, 对于短时间间隔 PDD 序列只能将 $F_n^{\mathrm{PDD}}(\omega, t)$ 消除到 $O(t^2)$, 这就意味着 $R^{\mathrm{PDD}}(t) \sim O(t^2)$. 相比之下, 从方程 (3.28) 中可以发现 UDD 序列可以将 $F_n^{\mathrm{UDD}}(\omega, t)$ 消除到 $O(t^{2n+2})$ 且只需要 n 个脉冲, 即

$$R^{\mathrm{UDD}}(t)(\omega, t) \sim O(t^{2n+2}).$$

这些结果说明在同样脉冲数目的条件下, UDD 序列可以更有效地抑制噪声对系统相干性的破坏作用.

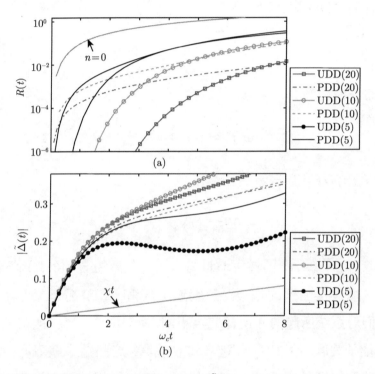

图 3.1　比较两种不同的脉冲序列下函数 $R(t)$ 和 $|\tilde{\Delta}(t)| \equiv |\Delta(t) + \chi t|$ 的动力学行为

这里相干的参数选取为 $\alpha = 0.02$, $\chi = 0.01$ 和 $T = 0.5\omega_c$

在本章接下的内容中, 将探讨如何利用动力学退耦脉冲序列来获得最优的自旋压缩度以及量子 Fisher 信息. 它们和原子干涉仪的灵敏度密切相关. 通常来讲, 量子 Fisher 信息决定着可获得的参数估计精度的理论极限, 而基于自旋压缩的量子度量在实验上更容易操作.

3.3 存在退耦合脉冲时去相位噪声下的自旋压缩

本节中, 将阐述如何利用动力学退耦技术来提高去相位环境下的自旋压缩度. 为了度量自旋压缩度, 在此将引入 Kitagawa 和 Ueda 所给出的自旋压缩参数[106], 其定义式为

$$\xi^2 = \frac{2(\Delta J_{\vec{n}_\perp})^2_{\min}}{j}, \quad j = \frac{N}{2}, \tag{3.29}$$

这里的 $(\Delta J_{\vec{n}_\perp})_{\min}$ 代表的是自旋分量的最小涨落, 它取遍所有的方向 $\vec{n}_\perp$, 且垂直于平均自旋方向.

利用方程 (3.16), 可以获得方程 (3.14) 中所给出的初始态在纯去相位噪声环境下的自旋压缩量

$$\xi^2 = 1 + \frac{2j-1}{4}(A - \sqrt{A^2 + B^2}), \tag{3.30}$$

其对应的最优压缩方向为 $\psi_{\mathrm{opt}} = [\pi + \arctan(B/A)]/2$, 这里

$$\begin{cases} A = 1 - \cos^{2j-2}[2\tilde{\Delta}(t)] \exp[-4R(t)], \\ B = -4\sin[\tilde{\Delta}(t)] \cos^{2j-2}[\tilde{\Delta}(t)] \exp[-R(t)]. \end{cases} \tag{3.31}$$

将方程 (3.30) 与文献 [106, 107] 中的结论相比, 存在以下差别: ①可控的退相干函数 $R(t)$ 被引入了; ②标度时间 χt 被 $\tilde{\Delta}(t)$ 所代替了. 根据方程 (3.30) 和 (3.31), 可以验证去相位噪声所扮演的两种不同角色. 一方面, 它通过 $\tilde{\Delta}(t)$ 来诱导自旋压缩; 特别是, 当 $\chi \simeq 0$ 时, 自旋压缩主要来源于环境所诱导的非线性相互作用 $\Delta(t)$. 另一方面, 环境噪声可以通过退相干函数 $R(t)$ 来破坏自旋压缩量. 但是, 根据方程 (3.17), (3.26) 和 (3.28) 可以发现当 $t/(n+1) \to 0$ 时, 存在 $R(t) \to 0$. 此时环境对系统相干性的破坏作用几乎完全得到了抑制. 因此, 在短时间以及大粒子数

$(N \gg 1)$ 的极限下, 最优自旋压缩可近似表示为

$$\xi^2_{\min} \simeq \frac{3}{4j} \left(\frac{2j}{3}\right)^{1/3} \simeq N^{-2/3}, \tag{3.32}$$

它与文献 [106, 107] 中在无噪声情形下得到的结论一致.

为了更好地观察动力学退耦脉冲对自旋压缩的影响, 图 3.2 比较了自旋压缩在两种不同的脉冲序列下的动力学演化图像. 由图可知, 这两种脉冲序列都能有效地提高噪声环境下的自旋压缩度, 而相比之下 UDD 表现得更加有效. 此外, 图 3.2 还展示了当退耦脉冲数目足够大时, "单轴扭曲" 所对应的压缩极限 $\xi^2_{\min}$ 也可以被达到. 这是一个很有意义的现象, 因为通常大家都认为这种极限只能在理想的无噪声情况下才能得到, 但是本章研究表明它可以在退耦脉冲的作用下由环境噪声来诱导得到.

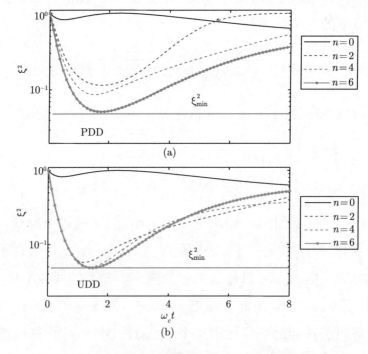

图 3.2   自旋压缩 ξ^2 随标度时间 $\omega_c t$ 的变化关系

图 (a) 和图 (b) 分别代表在 PDD 和 UDD 脉冲序列作用下当脉冲数目 n 取不同值时的自旋压缩. 图中相关参数取值为 $N = 100, \chi = 0.01, \alpha = 0.02$ 和 $T = 0.5\omega_c$. 这里 $\xi^2_{\min}$ 为方程 (3.32) 所给出近似值

3.4 在退耦脉冲作用下去相位噪声辅助的量子 Fisher 信息放大

为了更好地阐述去相位噪声所辅助的参数精度提高的现象, 本节将研究在退耦脉冲作用下去相位噪声辅助的量子 Fisher 信息放大的有趣现象. 量子 Fisher 信息给出了未知参数 θ 所能达到的估计精度的理论极限. 具体的灵敏度通过量子 Cramér-Rao 界限给出:

$$\Delta\theta_{\min} = \frac{1}{\sqrt{vF}}, \tag{3.33}$$

其中 v 为实验测量的次数. 接下来, 为了简化讨论, 将选取 $v = 1$.

根据参考文献 [4, 5, 13, 124, 125], 基于参数 θ 的量子 Fisher 信息可以解析的表示为

$$F[\rho(\theta,t), J_{\vec{n}}] = \mathrm{Tr}[\rho(\theta,t)L_\theta^2] = \vec{n}\mathbf{C}\vec{n}^{\mathrm{T}}, \tag{3.34}$$

其中 $\rho(\theta,t)$ 中的参数 θ 由 SU(2) 旋转获得,

$$\rho(\theta,t) = \exp(-\mathrm{i}\theta J_{\vec{n}})\rho(t)\exp(\mathrm{i}\theta J_{\vec{n}}) \tag{3.35}$$

方程 (3.34) 中的对称矩阵 $\boldsymbol{C}$ 的矩阵元为

$$\boldsymbol{C}_{kl} = \sum_{i\neq j} \frac{(p_i - p_j)^2}{p_i + p_j}[\langle i| J_k |j\rangle \langle j| J_l |i\rangle + \langle i| J_l |j\rangle \langle j| J_k |i\rangle], \tag{3.36}$$

这里 p_i 和 $|i\rangle$ 分别表示 $\rho(\theta,t)$ 的本征值和本征态.

特别是, 如果 ρ 为纯态时, 上式矩阵元可进一步简化为 [4,13,124,125]

$$\boldsymbol{C}_{kl} = 2\langle J_k J_l + J_l J_k\rangle - 4\langle J_k\rangle \langle J_l\rangle. \tag{3.37}$$

根据方程 (3.34), 可发现为了获得最高的参数估计精度 $\Delta\theta$, 就必须对所给定的态寻找合适的观察方向 $\vec{n}$ 使量子 Fisher 信息的值最大化. 借助

于对称矩阵, 最大的量子 Fisher 信息可获得

$$F_{\max} = \lambda_{\max},\tag{3.38}$$

其中 $\lambda_{\max}$ 为 C 的最大本征态. 对于初始时刻的自旋相干态 (CSS), 有 $F_{\max}^{\text{CSS}} = N$, 其对应的最大参数估计精度为标准量子极限.

在前面的章节中, 我们分析了动力学退耦脉冲可通过将退相干函数 $R(t)$ 完全抑制住, 从而实现系统与环境的退耦. 为了更好地检验其效果, 在此我们引入量子态纯度的概念来衡量. 量子态纯度定义为

$$P(\rho) \equiv \text{Tr}(\rho^2).\tag{3.39}$$

当量子态为纯态时其对应的纯度为 1, 然而当它为最大混合态 $\rho_m \equiv 1/D$ 时, 它的纯度值为 $1/D$, 这里的 D 为量子态的维数[144].

在图 3.3 中, 比较了在不同的 α 下, UDD 和 PDD 序列在保护量子态

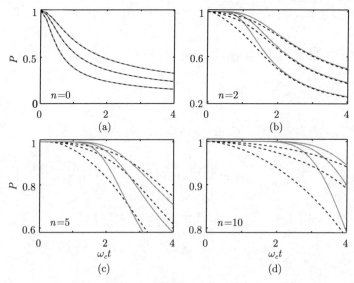

图 3.3   量子纯度在不同的脉冲数目下随标度时间 $\omega_c t$ 的变化关系

图中的实线和虚线分别代表 UDD 脉冲序列和 PDD 脉冲序列. 各图中从下到上所对应的耦合强度为

$\alpha = 0.05, 0.02$ 和 0.01. 其他相关参数取值为 $T = 0.5\omega_c$, $N = 100$ 和 $\chi = 0.05$

纯度上的效果. 图 3.3 的结果表明, UDD 序列在保护量子纯度上存在着明显的优势. 相比 PDD 序列而言, UDD 序列可以使量子态的纯度在更长的时间内一直处于最大值. 而且不同于 PDD 序列的是, 它能保证纯度的值不随 α 的变化而发生明显的改变. UDD 序列的这种特征预示着当系统与环境耦合强度较大时, 它仍能使量子态纯度保持很长时间. 这些结果表明了环境退相干对量子相干性的破坏作用可被完全抑制.

本节接下来研究 UDD 脉冲的数目以及环境温度对量子 Fisher 信息放大率的影响. 根据方程 (3.34)—(3.38), 可得到相对于系统初始态的最大的量子 Fisher 信息放大率可定义为

$$\eta = F_{\max}/F_{\max}^{\mathrm{CSS}} = \lambda_{\max}/N. \tag{3.40}$$

图 3.4 给出了在 UDD 脉冲作用下的, 量子 Fisher 信息放大率 η 随温度 T/ω_c 的变化关系. 从图 3.4(a) 到图 3.4(c), 可以发现随着脉冲

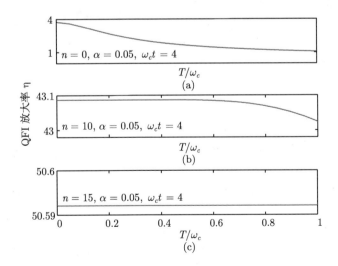

图 3.4 量子 Fisher 信息放大率 $\eta \equiv F_{\max}/N$ 在不同的 UDD 脉冲数目 n 作用下随标度温度 T/ω_c 的变化关系

(a)—(c) 所对应的脉冲数目分别为 $n = 0, n = 10$ 和 $n = 15$. 其他相干参数取值为

$N = 100, \omega_c t = 4, \chi = 0.01$ 和 $\alpha = 0.05$

数目的增加量子 Fisher 信息放大率得到了极大的提高, 而温度的效应却得到显著的抑制. 图中的结果表明, 当不存在退耦合脉冲序列时, 量子 Fihser 信息放大率 η 较小 (小于 4) 且随温度 T/ω_c 的升高趋近于 1 (如图 3.4(a)). 然而当增加脉冲数目时, η 得到了极大的提高. 如图 3.4(c) 所示, 当 $n = 15$ 时, 我们可以获得最大的放大率, 且此时 η 的值已经不依赖于温度了. 这些结论可解释如下:

根据方程 (3.17) 和图 3.1(a), 可以发现当脉冲数目足够大时, 温度相关的退相干函数 $R(t)$ 得到了极大的抑制, 即 $R(t) \to 0$. 此时, 方程 (5.24) 中所给出的量子态趋近于纯态 $P(\rho) \to 1$. 在此情形下, 根据方程 (3.37), (3.38) 以及 (3.40), 可以得到量子 Fisher 信息放大率的解析表达式 (推导见附录 C.3)

$$
\eta(N, t) = \max \left\{ 1 + \frac{N-1}{4} \left(A'_+ + \sqrt{A'^2_+ + B'^2} \right), \right.
$$
$$
\left. 1 + \frac{N-1}{2} A'_- - N \cos^{2N-2}[\tilde{\Delta}(t)] \right\}, \qquad (3.41)
$$

其中

$$
A'_\pm = 1 \pm \cos^{N-2}[2\tilde{\Delta}(t)],
$$
$$
B' = -4 \sin[\tilde{\Delta}(t)] \cos^{N-2}[\tilde{\Delta}(t)]. \qquad (3.42)
$$

显然, 方程 (3.41) 不依赖于温度 T. 因此, 可以得出结论, 随着 UDD 脉冲数目的增加, Fisher 信息放大率可得到加强, 而温度的影响却被极大的抑制了.

为了验证在 UDD 脉冲条件下方程 (3.41) 的合理性. 在图 3.5(a) 中, 比较了固定脉冲数目 $(n = 20)$ 下, 方程 (3.41) 中所给出的 Fisher 信息放大率的解析解和精确的数值解之间的关系. 从图 3.5(a) 中可以清楚地看到, 当 $\omega_c t < 5$ 时 (纯态区间), 方程 (3.41) 中的解析解跟精确的数值解符合得非常好. 当 $\alpha = 0.05$ 且 $N = 100$ 时, 最大 Fisher 信息放大率约

为 50. 图中信息表明, 在固定数目的动力学退耦脉冲的作用下, 大的耦合强度 α 更容易获得大的放大率. 另外一个有趣的现象是, 大的 α (比如 $\alpha = 0.05$) 可将 Fisher 信息放大率保持在最大值上不变直到进入混态区间. 在混态区间内, Fisher 信息放大率出现了减小. 这就意味如果想要长时间的保持这种最大的放大率, 就需要更多的 UDD 脉冲数目来延长量子态处于纯态区间的时间.

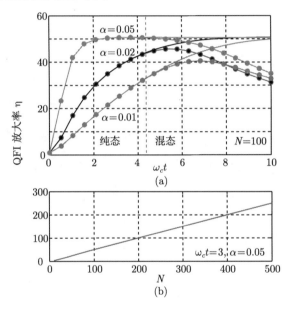

图 3.5　量子 Fisher 信息放大率

(a) 当 $N = 100$ 时, 量子 Fisher 信息放大率 η 在不同的耦合强度 α 下, 随标度时间 $\omega_c t$ 的变化关系. 图中实线代表方程 (3.41) 所对应的解析结果, 而实的圆圈线代表精确的数值结果. 在纯态区间它们符合得非常好. 这里温度取为 $T = 0.1\omega_c$; (b) 量子 Fisher 信息放大率 η, 在固定的时刻 $\omega_c t = 4$ 和固定的耦合强度 $\alpha = 0.05$ 情形下, 随原子数目变化的关系. 图 (a) 和图 (b) 中的 UDD 脉冲数目都为 $n = 20$

在固定时刻 $\omega_c t = 4$ 且 $\alpha = 0.05$ 时, 量子 Fisher 信息放大率 η 随 BEC 原子数目 N 的变化关系在图 3.5(b) 中已给出. 如图所示, Fisher 信息放大率 η 正比于原子数目 N, 其比例系数约为 0.5. 这就说明方程 (3.41) 中的放大率存在最大值近似值 $\eta_{\max}(N) \simeq N/2$. 此时最大量子

Fisher 信息为 $F_{\max} \simeq N^2/2$.

　　根据量子 Cramér-Rao 定理, 可知道量子 Fisher 信息越大, 所能得到的参数估计精度也就越高. 因此, 去相位噪声所诱导的这种 Fisher 放大现象, 可以极大地提高参数估计的精度. 最好的结果是, 它能使参数估计的灵敏度从标准量子极限 $\Delta\theta_{\min} = 1/\sqrt{N}$ 提升到 $\Delta\theta_{\min} = \sqrt{2}/N$ (与海森堡极限 $(1/N)$ 只相差一个因子).

3.5　本 章 小 结

　　本章研究了在控制脉冲作用下的环境去相位噪声所辅助的两分量 BEC 系统中的参数精度提高的现象. 通过计算控制脉冲作用下的环境噪声所诱导的自旋压缩和量子 Fisher 信息, 研究发现环境的去相位噪声可通过诱导自旋压缩的方式来提高参数的估计精度. 而动力学退耦脉冲序列可最大程度的加强环境噪声的这种正面的诱导作用. 本章还比较了 PDD 序列和 UDD 序列对参数估计精度的影响. 结果表明, UDD 序列能更有效地加强去相位噪声所诱导的自旋压缩现象. 相比 PDD 序列而言, 它可以更容易地达到 "单轴扭曲" 模型所能达到的压缩极限. 此外, 在 UDD 脉冲的作用下, 量子 Fisher 的最大放大率可达到 $\simeq N/2$. 这就预示着对参数 θ 估计的灵敏度可以从标准量子极限提高到海森堡极限的尺度.

　　需要注意的是, 本章的研究是基于两分量 BEC 系统中凝聚原子的丢失可以忽略的假设. 事实上, 原子数目的丢失将会在一定程度上限制所能达到的自旋压缩度从而影响量子度量中的参数估计精度. 尽管如此, 但这并不影响研究结论所强调的去相位噪声可辅助参数估计精度提高现象的物理本质. 当然, 在本书研究的基础上进一步探讨原子数丢失对参数估计精度的具体影响也是一个值得研究的课题. 此外, 作者还注意到了

文献 [109, 118] 中关于利用复杂的脉冲实现了 BEC 原子从"单轴扭曲"到"双轴扭曲"的转变进而获得海森堡极限的参数估计精度的相关研究报告. 最后, 期待本章的研究结果能对量子度量学的研究提供某些启发并被当前的实验所实现.

第4章　利用偶极相互作用提高偶极玻色气体中的自旋压缩

4.1　引　言

　　囚禁在双势阱中的超冷原子系统由于其原子间的非线性相互作用所带来的丰富的量子效应, 使其成为了一个非常好的两分量 BEC 模型并且被广泛用于研究冷原子中的非线性动力学问题. 特别是随着当前实验上操控冷原子技术上的快速进展, 使得囚禁在双阱中的冷原子系统不仅可用于研究量子力学中的基本问题, 而且被作为研究量子信息和量子计算以及量子精密测量等领域的重要载体[145–151]. 这种两分量玻色–爱因斯坦 (BEC) 系统所具备的单轴扭曲相互是制备原子自旋态的一种重要资源[5,105–109,152–157]. 自旋压缩作为一种量子关联不仅可以用来刻画多体量子系统中的纠缠而且可用于提高测量精度. 比如, Guehne 等在综述文章 [155] 中详细的讨论了利用自旋压缩来作为种多体系统中量子纠缠的判据. 此外, 日本的 Kitagawa[106] 和美国标准计量所的 Wineland[105] 等在 20 世纪 90 年代就提出了利用原子间的压缩来降低量子参数估计中的量子噪声. 随后, 利用压缩态来提高测量精度已经在很多实际物理系统中得到实现.

　　由于囚禁冷原子系统中自旋的这些潜在应用, 目前囚禁在双阱中的 BEC 系统已经被广泛的研究. 在这些研究中, 凝聚体都被假设事先占据在一些固定的空间轨道上. 这样的假设, 虽然可以抓住凝系统的一些重要物理本质特征, 但是却完全忽略了凝聚体系统轨道的空间演化动力学. 这就使得通过这种假设所得到的理论预测结论不能很精确地反映实际的物理现象. 众所周知, 在弱相互作用的冷原子系统中, 著名的含时 Gross-Pitaevskii (GP) 方程可以很好地描述凝聚体中的轨道波函数的空间动力学演化 [157–159]. 因此, GP 方程已经被广泛用于研究凝聚体系统中的动力学问题. 然而, 这种基于平均场近似的运动方程却无法用于描述凝聚体中的粒子数涨落等涉及高阶矩的问题. 因此, 也无法直接运用 GP 方程来估计凝聚体中粒子数的压缩问题. 值得庆幸的是, Cederbaum 等 [160, 161] 发展了一种基于玻色子的多结构含时 Hartree 理论 (MCT-DHB), 这种理论就可以允许我们自洽地完整描述凝聚体中原子数和轨道空间动力学问题. MCTDHB(M) 理论, 它是通过假设凝聚体系统中的粒子只占据 M 个相互正交的空间轨道来描述冷原子系统中的波函数动力学行为. 根据 MCTDHB 理论的主要思想, 当前 J. Grond 等 [148–150] 成功地发展了一套基于囚禁在双势阱中的超冷原子系统的最优控制理论. 他们利用其所发展的这些理论, 精确地描述了冷原子在双势阱中的劈裂过程以及重新设计了最优的控制协议用于快速地操控原子 Mach-Zehnder 干涉仪来获得最佳的参数估计精度.

另一方面, 根据调研发现目前关于囚禁在双势阱中的冷原子系统的研究主要是集中于原子间的 s-波散射的接触相互作用. 事实上, 当前的理论以及实验研究都发现在冷原子系统中也同样存在着不可忽略的长程的偶极–偶极相互作用. 原子间的这种偶极相互作用可以极大地影响凝聚体的稳定性 [162], 还可以诱导出各种新奇的量子相图 [163–166]. 另外, 利用这种偶极相互作用来产生量子纠缠的研究也在文献 [167] 中报道过. 除此之外, 在囚禁的冷原子系统中, 可以很容易地通过调节囚禁势的一些外部参数来改变有效的偶极相互作用强度以及正负符号. 这种可控的原子间的长程相互作用, 具有一些原子间短程碰撞相互作用所不具备的一些优势. 因此可以极大地丰富基于冷原子的量子信息和量子测量的理论研究框架. 在国内, 中国科学院理论物理研究所的易俗研究员和其研究组就探讨了利用 MCTDHB 理论来研究偶极相互作用对冷原子基态的影响[166]. 他们的研究表明, 通过合理地调节偶极矩, 可以制备出一些基态纠缠态. 然而, 到目前为止很少有利用 MCTDHB 理论来研究囚禁在双势阱中的原子通过偶极相互所诱导自旋压缩动力行为, 以及基于此构造的高效合理地原子干涉仪的报道. 事实上, 利用这种长程的可控的偶极相互可以很方便地制备和存储以及操控自旋压缩, 这就使得其在量子信息与量子计算以及量子精密测量等领域具备很广阔的应用前景.

利用 MCTDHB 理论来研究囚禁在双势阱中通过偶极相互所诱导自旋压缩动力学, 可以真实地反映出囚禁冷原子系统中的宏观动力学行为. 有助于更加真实全面地揭示出冷原子系统中的量子特性. 并且, 这些基于可控的量子关联的研究探讨将允许人们自洽地完整描述凝聚体中原子数和轨道空间动力学问题. 为了尽可能真实地描述冷囚禁在双势阱中的冷原子系统在量子度量学领域的潜在应用, 本章将利用 MCTDHB(2) 理论来研究原子间的两体相互作用所诱导的自旋压缩动力学问题. 与文献中所普遍采用的双模模型不同的是, 本章将摈弃左阱轨道与右阱轨道的概念, 取而代之的是原子布居的自然轨道. 将探讨当原子初始时刻处于自旋相干态时, 在原子间两体作用下它们自然轨道间的自旋压缩动力学. 本质上, 这种压缩可以理解为凝聚态的基态与第一激发态之间的宏观量子关联. 本章的研究表明, 相比于原子间的接触相互作用而言, 长程的偶极相互作用可以诱导出更强的压缩, 而且这种压缩的最优值甚至可以超越人们广泛研究的单轴扭曲的压缩极限[168]. 更有趣的是, 这种提高的压缩还可以通过调节偶极矩的方向来实现保存.

4.2　物　理　模　型

本章考虑一个包含 N 个沿着 $\hat{d}$ 方向极化的偶极玻色子凝聚体, 它

们被囚禁在一个沿 x 轴方向的准一维双势阱中. 根据二次量子化理论, 它们之间相互作用的哈密顿量可以表示为

$$
\begin{aligned}
\hat{H} = &\int \mathrm{d}x \hat{\Psi}^\dagger(x) \hat{h} \hat{\Psi}(x) \\
&+ \int \mathrm{d}x \mathrm{d}x' \hat{\Psi}^\dagger(x) \hat{\Psi}^\dagger(x') V(x-x') \hat{\Psi}(x') \hat{\Psi}(x),
\end{aligned} \tag{4.1}
$$

这里 $\hat{\Psi}(x)$ 是场算符, 而

$$
\hat{h} = -\frac{\hbar^2 \partial^2}{2m \partial x^2} + U(x)
$$

为单个粒子的哈密顿量, 其中 m 为原子的质量, $U(x)$ 为囚禁势. 更具体地说, 假设这个囚禁势为一个对称的双势阱, 它可表示为

$$
U(x) = \frac{1}{2} m \omega^2 x^2 + U_0 \mathrm{e}^{-x^2/(2\sigma^2)}, \tag{4.2}
$$

这里 ω 为囚禁势的频率, U_0 和 σ 分别为势阱的高度和宽度.

本章考虑的原子间的两体相互作用包括短程的接触相互作用和长程的偶极相互作用. 在三维直接坐标系中, 它们可表示为

$$
V^{\mathrm{3D}}(\boldsymbol{r}) = c_0 \delta(\boldsymbol{r}) + c_d \frac{1 - 3(\hat{\boldsymbol{d}} \cdot \hat{\boldsymbol{r}})^2}{r^3}, \tag{4.3}
$$

这里的接触相互作用的强度为 $c_0 = 4\pi \hbar^2 a_0/m$, 其中 a_0 表示 s-波散射长度. 而偶极相互作用强度则用 $c_d = \mu_0 d^2/(4\pi)$ 表示, 式中 μ_0 为真空磁导率而 d 表示磁偶极矩, $\hat{\boldsymbol{r}} = \boldsymbol{r}/r$ 为单位矢量.

为了获得有效的一维相互作用势 $V(x-x')$, 哈密顿量 (4.1) 中假设所有原子的横向波函数为以下高斯波包:

$$
\phi_\perp(y,z) = \frac{1}{q\sqrt{\pi}} \mathrm{e}^{-(y^2+z^2)/(2q^2)}, \tag{4.4}
$$

即谐振子在横向方向处于能量基态, 其中 q 为高斯函数的宽度. 为了考虑问题的方便, 进一步假设原子的偶极矩处于 xz 平面并且与 z 轴方向

形成的夹角为 α, 即

$$\hat{\boldsymbol{d}} = (\sin\alpha, 0, \cos\alpha). \tag{4.5}$$

此时, 就可以通过积分掉 y 轴和 z 轴方向变量的方法来获得有效的一维相互作用势. 它可以表示为

$$
\begin{aligned}
V(x-x') &= \int \mathrm{d}y\mathrm{d}z\mathrm{d}y'\mathrm{d}z'\, |\phi_\perp(y,z)|^2\, V^{(3\mathrm{D})}(\boldsymbol{r}-\boldsymbol{r}')\, |\phi_\perp(y',z')|^2 \\
&= \frac{c_0}{2\pi q^2}\delta(x-x') + \frac{\chi_\alpha c_d}{q^5}\bigg[q|x-x'| \\
&\quad -\sqrt{\frac{\pi}{2}}(q^2+|x-x'|^2)\mathrm{e}^{|x-x'|^2/(2q^2)}\mathrm{erfc}\left(\frac{|x-x'|}{\sqrt{2}q}\right)\bigg],
\end{aligned}\tag{4.6}
$$

这里 $\mathrm{erfc}(\cdot)$ 为余误差函数, 而

$$\chi_\alpha = 1 - \frac{3}{2}\sin^2\alpha \tag{4.7}$$

是一个与偶极矩方位角相关的参数, 我们可以通过它来调节偶极相互作用的强度. 方程 (4.6) 和 (4.7) 表明有效的一维偶极相互作用在 "魔角" $\alpha_m \simeq 54.7°$ 处为零, 即可以调节角度的方法来关闭这种偶极相互作用. 而当 $\alpha < \alpha_m$ 和 $\alpha > \alpha_m$ 时, 显示的分别是排斥和吸引相互作用. 最后, 需要指出的是, 短程的接触相互作用强度 c_0 也可以通过 Feshbach 共振的方法来调节.

4.3　MCTDHB 理论

在研究双势阱中原子的自旋压缩特性之前, 有必要简要的介绍 MCT-DHB(2) 理论并推导出相应的工作方程. 首先假设原子只能占据两个不同的轨道, $\{\psi_\mu(x,t)\}_{\mu=1,2}$, 它们满足的正交条件

$$\int \mathrm{d}x\psi_\mu^*(x,t)\psi_\nu(x,t) = \delta_{\mu\nu}.$$

此时, 哈密顿量 (4.1) 中的场算符就可以利用两模近似表示为

$$\hat{\Psi}(x) = \sum_{\mu=1,2} b_\mu(t)\psi_\mu(x,t), \tag{4.8}$$

其中

$$b_\mu(t) = \int \mathrm{d}r\psi_\mu^*(r,t)\hat{\Psi}(r)$$

为玻色子的湮灭算符.

在假定原子只能占据两轨道情况下, 哈密顿量 (4.1) 就可以进一步表示为

$$\hat{H} = \sum_{\mu} h_{\mu\nu} b_\mu^\dagger b_\nu + \frac{1}{2}\sum_{\mu,\mu',\nu,\nu'} V_{\mu\mu'\nu\nu'} b_\mu^\dagger b_{\mu'}^\dagger b_\nu b_{\nu'}, \tag{4.9}$$

式中

$$h_{\mu\nu} = \int \mathrm{d}x\psi_\mu^*(x)\hat{h}\psi_\nu(x),$$

而

$$V_{\mu\mu'\nu\nu'} = \int \mathrm{d}x\mathrm{d}x'\psi_\mu^*(x)\psi_{\mu'}^*(x')V(x-x')\psi_{\nu'}(x')\psi_\nu(x) \tag{4.10}$$

为相互作用矩阵元.

基于以上假设, 系统的波函数总可以写成如下通式:

$$|\Psi(t)\rangle = \sum_n C_n(t)\,|n,t\rangle, \tag{4.11}$$

这里 C_n 为波函数的展开系数, 而

$$|n\rangle \equiv |n, N-n\rangle = \frac{1}{\sqrt{n!(N-n)!}}(b_1^\dagger)^n(b_2^\dagger)^{N-n}\,|\mathrm{vac}\rangle \tag{4.12}$$

为二次量子化下的基矢态, 它表示的是分别占据在两个不同轨道上的粒子数目. 这里所考虑的系统总粒子数为守恒量. 需要指出的是, 展开系数 $\{C_n\}$ 和轨道波函数 $\{\psi_\alpha\}$ 之间相互独立, 接下来就是要推导出 $\{C_n\}$ 和

$\{\psi_\alpha\}$ 的演化方程. 根据 MCTDHB 理论, 展开系数 $\{C_n\}$ 和轨道波函数 $\{\psi_\alpha\}$ 可以通过变分原理自洽地决定[160, 161].

根据拉格朗日公式把多体假设的波函数 $\Psi(t)$ 代入含时薛定谔方程的函数作用量中, 可得到

$$S[\{C_n(t), \{\psi_{r,t}\}] = \int \mathrm{d}t \left\{ \langle \Psi | H - \mathrm{i} \frac{\partial}{\partial t} | \Psi \rangle - \sum_{\alpha\beta} \mu_{\alpha\beta} [\langle \psi_\alpha | \psi_\beta \rangle - \delta_{\alpha\beta}] \right\}.$$
(4.13)

为了保证在演化过程中间相关的轨道 $\{\psi_\alpha\}$ 始终正交, 在此引入了含时的拉格朗日多乘子 $\mu_{\alpha\beta}$.

4.3.1　对展开系数求 $\{C_n\}$ 偏导

为了方便对作用量函数求 $\{C_n\}$ 偏导, 可首先将作用量函数表示为显含 $\{C_n\}$ 的形式:

$$\left\langle \Psi \left| H - \mathrm{i} \frac{\partial}{\partial t} \right| \Psi \right\rangle = \sum_{nn'} C_n C_{n'}^* \left\langle n, t \left| H - \mathrm{i} \frac{\partial}{\partial t} \right| n', t \right\rangle - \sum_n \mathrm{i}\hbar C_n^* \frac{\partial C_n}{\partial t}.$$
(4.14)

然后令 $\dfrac{\partial S}{\partial C_n^*} = 0$ 就可以得到

$$\mathrm{i}\hbar \frac{\partial C_n}{\partial t} = \sum_{n'} \left\langle n, t \left| H - \mathrm{i}\hbar \frac{\partial}{\partial t} \right| n', t \right\rangle C_{n'}.$$
(4.15)

为了计算上式中的矩阵元, 可将上式中所有的算符表示成二次量子化的形式

$$\mathrm{i}\hbar \frac{\partial}{\partial t} = \sum_{\alpha\beta} b_\alpha^\dagger b_\beta \left(\mathrm{i}\hbar \frac{\partial}{\partial t} \right)_{\alpha\beta},$$
(4.16)

$$H = h + V = \sum_{\alpha\beta} h_{\alpha\beta} b_\alpha^\dagger b_\beta + \frac{1}{2} \sum_{\alpha\alpha'\beta\beta'} V_{\alpha\alpha'\beta\beta'} b_\alpha^\dagger b_{\alpha'}^\dagger b_{\beta'} b_\beta,$$
(4.17)

其中

$$\left(\mathrm{i}\hbar \frac{\partial}{\partial t} \right)_{\alpha\beta} = \mathrm{i}\hbar \int \mathrm{d}r \psi_\alpha^*(r, t) \frac{\partial \psi_\beta(r, t)}{\partial t},$$
(4.18)

$$h_{\alpha\beta} = \int \mathrm{d}r\,\psi_\alpha^*(r,t)\hat{h}\psi_\beta(r,t), \tag{4.19}$$

$$V_{\alpha\alpha'\beta\beta'} = \int \mathrm{d}r\mathrm{d}r'\,\psi_\alpha^*(r,t)\psi_{\alpha'}^*(r',t)\hat{V}(r-r')\psi_{\beta'}(r',t)\psi_\beta(r,t). \tag{4.20}$$

根据上式很容易证明 $h_{\alpha\beta} = h_{\beta\alpha}^*$ 和 $V_{\alpha\alpha'\beta\beta'} = V_{\beta\beta'\alpha\alpha'}^*$, 这就保证了哈密顿矩阵 $H_{n,n'}$ 是厄米的. 进一步, 由

$$\mathrm{i}\hbar\frac{\partial}{\partial t}\left[\int \mathrm{d}r\,\psi_\alpha^*(r,t)\psi_\beta(r,t)\right] = 0$$

可以推导出

$$\left(\mathrm{i}\hbar\frac{\partial}{\partial t}\right)_{\alpha\beta} = \left(\mathrm{i}\hbar\frac{\partial}{\partial t}\right)_{\beta\alpha}^*. \tag{4.21}$$

此外, 相互作用矩阵元之间还存以下对称关系:

$$V_{\alpha\alpha'\beta\beta'} = V_{\alpha'\alpha\beta'\beta}, \quad V_{\alpha\beta\alpha\alpha} = V_{\beta\alpha\alpha\alpha}, \quad V_{\alpha\alpha\alpha\beta} = V_{\alpha\alpha\beta\alpha}. \tag{4.22}$$

4.3.2 对轨道波函数 $\{\psi_\alpha\}$ 求偏导

为了推导轨道波函数演化的运动方程, 需要将函数作用子中的期待值表示为可直接对 $\{\psi_\alpha\}$ 求导的形式. 对此, 可首先将 $\hat{H} - \mathrm{i}\hbar\partial/\partial t$ 表示为二次量子化的形式:

$$H - \mathrm{i}\hbar\frac{\partial}{\partial t} = \sum_{\alpha\beta}\left[h_{\alpha\beta} - \left(\mathrm{i}\hbar\frac{\partial}{\partial t}\right)_{\alpha\beta}\right]b_\alpha^\dagger b_\beta + \frac{1}{2}\sum_{\alpha\alpha'\beta\beta'}V_{\alpha\alpha'\beta\beta'}b_\alpha^\dagger b_{\alpha'}^\dagger b_{\beta'}b_\beta. \tag{4.23}$$

因此, 可得到

$$\left\langle\Psi\left|H - \mathrm{i}\hbar\frac{\partial}{\partial t}\right|\Psi\right\rangle = \sum_{\alpha\beta}\gamma_{\alpha\beta}\left[h_{\alpha\beta} - \left(\mathrm{i}\hbar\frac{\partial}{\partial t}\right)_{\alpha\beta}\right] + \frac{1}{2}\sum_{\alpha\alpha'\beta\beta'}\Gamma_{\alpha\alpha'\beta\beta'}V_{\alpha\alpha'\beta\beta'}, \tag{4.24}$$

上式中 $\gamma_{\alpha\beta} = \langle\Psi|b_\alpha^\dagger b_\beta|\Psi\rangle$ 与 $\Gamma_{\alpha\alpha'\beta\beta'} = \langle\Psi|b_\alpha^\dagger b_{\alpha'}^\dagger b_\beta b_\beta|\Psi\rangle$ 分别表示单体与两体密度矩阵. 值得注意的是, $\Gamma_{\alpha\alpha'\beta\beta'}$ 具备如下对称关系:

$$\Gamma_{\alpha\alpha'\beta\beta'} = \Gamma_{\alpha\alpha'\beta'\beta} = \Gamma_{\alpha'\alpha\beta'\beta} = \Gamma_{\alpha'\alpha\beta\beta'}. \tag{4.25}$$

接下来, 只需将方程 (4.13) 中给出的函数作用子直接对轨道波函数 $\{\psi_\alpha\}$ 求偏导, 即可得

$$\frac{\delta S[\{C_n(t)\}, \{\psi_\alpha(x,t)\}]}{\delta \psi_\alpha^*(x,t)} = 0$$

$$\Rightarrow \sum_\beta \left[\gamma_{\alpha\beta} \left(\hat{h} - \mathrm{i}\frac{\partial}{\partial t} \right) + \sum_{\alpha'\beta'} \Gamma_{\alpha\alpha'\beta\beta'} \mathcal{V}_{\alpha'\beta'}(x) \right] |\psi_\beta\rangle = \sum_j \mu_{\alpha j} |\psi_j\rangle, \tag{4.26}$$

其中

$$\mathcal{V}_{\alpha'\beta'}(x) = \int \psi_{\alpha'}^*(x',t) V(x-x') \psi_{\beta'}(x',t)\mathrm{d}x'. \tag{4.27}$$

在方程 (4.26) 左边直乘 $\langle\psi_j|$, 则可获得拉格朗日多乘子 μ 的矩阵元

$$\mu_{\alpha j} = \sum_\beta \left\{ \gamma_{\alpha\beta} \left[h_{j\beta} - \left(\mathrm{i}\frac{\partial}{\partial t}\right)_{j\beta} \right] + \sum_{\alpha'\beta'} \Gamma_{\alpha\alpha'\beta\beta'} V_{j\alpha'\beta'\beta} \right\}. \tag{4.28}$$

将上式代入方程 (4.26), 并采用如下等式

$$\sum_\beta \left[\gamma_{\alpha\beta} \left(\hat{h} - \mathrm{i}\frac{\partial}{\partial t} \right) + \sum_{\alpha'\beta'} \Gamma_{\alpha\alpha'\beta\beta'} \mathcal{V}_{\alpha'\beta'}(x) \right] |\psi_\beta\rangle - \sum_j \mu_{\alpha j} |\psi_j\rangle$$

$$= \left(1 - \sum_j |\psi_j\rangle\langle\psi_j| \right) \sum_\beta \left[\gamma_{\alpha\beta} \left(\hat{h} - \mathrm{i}\frac{\partial}{\partial t} \right) + \sum_{\alpha'\beta'} \Gamma_{\alpha\alpha'\beta\beta'} \mathcal{V}_{\alpha'\beta'}(x) \right] |\psi_\beta\rangle$$

$$= 0. \tag{4.29}$$

令投影算符 $\hat{\mathcal{P}} = 1 - \sum_j |\psi_j\rangle\langle\psi_j|$, 可得

$$\mathrm{i}|\dot{\psi}_j\rangle = \hat{\mathcal{P}} \left[\hat{h}|\psi_j\rangle + \sum_{\alpha\alpha'\beta\beta'} \gamma_{j\alpha}^{-1} \left(\Gamma_{\alpha\alpha'\beta\beta'} \mathcal{V}_{\alpha'\beta'} \right) |\psi_\beta\rangle \right]$$

$$= \hat{\mathcal{P}} \left[\hat{h}|\psi_j\rangle + \sum_{\alpha\beta} \gamma_{j\alpha}^{-1} W_{\alpha\beta} |\psi_\beta\rangle \right]. \tag{4.30}$$

为了简化标记, 上式中进一步定义了

$$W_{\alpha\beta} = \sum_{\alpha'\beta'} \Gamma_{\alpha\alpha'\beta\beta'} \mathcal{V}_{\alpha'\beta'}. \tag{4.31}$$

4.3.3 MCTDHB 工作方程

根据 MCTDHB 理论, 展开系数 $\{C_n\}$ 与轨道 $\{\psi_\alpha\}$ 可以利用变分原理自洽地决定[160, 161]. 利用拉格朗日公式, 可以发现展开系数满足方程式

$$i\hbar \frac{\partial C_n}{\partial t} = \sum_{n'} \langle n | \hat{H} | n' \rangle C_{n'}, \tag{4.32}$$

其中哈密顿量的矩阵元 $\langle n|H|n'\rangle = \langle n|H|\hat{h}\rangle + \langle n|\hat{V}|n'\rangle$ 可以显式地表示为

$$h_{nn'} = \begin{cases} \sqrt{n(\bar{n}+1)}h_{12}, & n' = n-1, \\ nh_{11} + \bar{n}h_{22}, & n' = n, \\ \sqrt{(n+1)\bar{n}}h_{12}^*, & n' = n+1, \end{cases} \tag{4.33}$$

$$V_{nn'} = \begin{cases} \dfrac{1}{2}\sqrt{n(n-1)(\bar{n}+2)(\bar{n}+1)}V_{1122}, & n'=n-2, \\[2mm] \sqrt{n(\bar{n}+1)}[\bar{n}V_{1222}+(n-1)V_{1112}], & n'=n-1, \\[2mm] \dfrac{1}{2}n(n-1)V_{1111}+\dfrac{1}{2}\bar{n}(\bar{n}-1)V_{2222}+n\bar{n}V_{12[12]}, & n'=n, \\[2mm] \sqrt{(n+1)\bar{n}}[nV_{1112}^*+(\bar{n}-1)V_{1222}^*], & n'=n+1, \\[2mm] \dfrac{1}{2}\sqrt{(n+2)(n+1)\bar{n}(\bar{n}-1)}V_{1122}^*, & n'=n+2. \end{cases} \tag{4.34}$$

这里定义了 $\bar{n} = N - n$ 与 $V_{\alpha\alpha'[\beta\beta']} = V_{\alpha\alpha'\beta\beta'} + V_{\alpha\alpha'\beta'\beta}$. 值得注意的是, 关

于相互作用矩阵只需要计算如下的矩阵元:

$$
\begin{pmatrix}
V_{1111} & V_{1112} & & V_{1122} \\
& V_{1212} & V_{1221} & V_{1222} \\
& & & \\
& & & V_{2222}
\end{pmatrix},
\tag{4.35}
$$

而其他的矩阵元可以通过以下关系获得

$$
\begin{cases}
V_{2111} = V_{1112}^*, & V_{2211} = V_{1122}^*, & V_{2121} = V_{1212}, \\
V_{2112} = V_{1221}^*, & V_{2221} = V_{1222}^*.
\end{cases}
\tag{4.36}
$$

对于两轨道情形, 轨道的动力学方程 (4.30) 可表示为

$$
\begin{aligned}
i\hbar\frac{\partial \psi_1}{\partial t} =& [\hat{h} + \gamma_{11}^{-1}W_{11}(x) + \gamma_{12}^{-1}W_{21}(x) - p_{11}]\psi_1 \\
&+ [\gamma_{11}^{-1}W_{12}(r) + \gamma_{12}^{-1}W_{22}(x) - p_{12}]\psi_2,
\end{aligned}
\tag{4.37}
$$

$$
\begin{aligned}
i\hbar\frac{\partial \psi_2}{\partial t} =& [\hat{h} + \gamma_{21}^{-1}W_{12}(x) + \gamma_{22}^{-1}W_{22}(x) - p_{22}]\psi_2 \\
&+ [\gamma_{21}^{-1}W_{11}(x) + \gamma_{22}^{-1}W_{21}(x) - p_{21}]\psi_1.
\end{aligned}
\tag{4.38}
$$

上式中 $\gamma_{\alpha\beta} = \langle\Psi|\,\hat{b}_\alpha^\dagger \hat{b}_\beta\,|\Psi\rangle$. 它的矩阵元为

$$
\begin{cases}
\gamma_{11} = \sum_n |C_n|^2 n, \\
\gamma_{12} = \sum_n C_{n+1}^* C_n \sqrt{\bar{n}(n+1)}, \\
\gamma_{22} = \sum_n |C_n|^2 \bar{n}.
\end{cases}
\tag{4.39}
$$

因此, 矩阵 $\gamma_{\alpha\beta}$ 的逆可表示为

$$
\gamma_{\alpha\beta}^{-1} = \left(\gamma_{11}\gamma_{22} - |\gamma_{12}|^2\right)^{-1}
\begin{pmatrix}
\gamma_{22} & -\gamma_{12} \\
-\gamma_{12}^* & \gamma_{11}
\end{pmatrix}.
\tag{4.40}
$$

显然, 有 $\gamma_{12}^{-1} = (\gamma_{12}^{-1})^*$. 此外, 在方程 (4.37) 中,

$$W_{\alpha\beta}(x) = \sum_{\alpha'\beta'} \Gamma_{\alpha\alpha'\beta\beta'} \int \mathrm{d}x' \psi_{\alpha'}^*(x') V(x-x') \psi_{\beta'}(x'), \tag{4.41}$$

$$p_{\sigma\zeta} = h_{\sigma\zeta} + \sum_{\alpha,\beta} \gamma_{\sigma\alpha}^{-1} \int \mathrm{d}x' \psi_\zeta^*(x') W_{\alpha\beta}(x-x') \psi_\beta(x), \tag{4.42}$$

其中

$$\Gamma_{\alpha\alpha'\beta\beta'} = \langle\Psi| \hat{b}_\alpha^\dagger \hat{b}_{\alpha'}^\dagger \hat{b}_\beta \hat{b}_{\beta'} |\Psi\rangle. \tag{4.43}$$

计算中有用的矩阵元表达式为

$$
\begin{cases}
\Gamma_{1111} = \sum_n |C_n|^2 n(n+1), \\[2mm]
\Gamma_{1112} = \sum_n C_{n+1}^* C_n n\sqrt{(n+1)\bar{n}}, \\[2mm]
\Gamma_{1122} = \sum_n C_{n+2}^* C_n \sqrt{(n+1)(n+2)\bar{n}(\bar{n}-1)}, \\[2mm]
\Gamma_{1212} = \sum_n |C_n|^2 n\bar{n}, \\[2mm]
\Gamma_{1222} = \sum_n C_{n+1}^* C_n (\bar{n}-1)\sqrt{(n+1)\bar{n}}, \\[2mm]
\Gamma_{2222} = \sum_n |C_n|^2 \bar{n}(\bar{n}-1).
\end{cases}
\tag{4.44}
$$

到此为止, 系统的动力学行为可由耦合方程组 (4.32), (4.37) 和 (4.38) 完全决定.

4.4 自旋压缩参数

类似以往假设空间模函数不变来处理两模系统的方法, 在此同样也可以定义基于时间相关的自然轨道的赝自旋算符

$$\boldsymbol{J} \equiv (J_x, J_y, J_z),$$

这里 $\hat{J}_i = \dfrac{1}{2}\sum\limits_{\alpha\beta}\hat{b}^\dagger_\alpha\sigma^{(i)}_{\alpha\beta}\hat{b}_\beta$, 其中 $\sigma^{(i)}(i=x,y,z)$ 为泡利矩阵. 有了这些定义, 现在就可以来讨论系统的自旋压缩动力学了. 通常所谓的压缩, 指的是自旋角动量的减小. 然而自旋压缩的定义并不唯一. 本章将讨论目前最为流行的由日本的 Kitagawa 和 Ueda 提出的自旋压缩定义方法, 即当一个量子态的一个垂直于平均自旋方向 $\langle\boldsymbol{J}\rangle = \langle\Psi(t)|\boldsymbol{J}|\Psi(t)\rangle$ 的自旋角动量算符的涨落小于自旋相干态的值的时候, 就可以认为它存在自旋压缩. 数学上, 这种自旋压缩参数可表示为[106]

$$\xi^2 = \frac{4(\Delta J_{\hat{n}_\perp})^2_{\min}}{N},\qquad(4.45)$$

这里 $(\Delta J_{\hat{n}_\perp})_{\min}$ 表示的是垂直于平均自旋方向 $\hat{n}_0 \equiv \langle\boldsymbol{J}\rangle/|\langle\boldsymbol{J}\rangle|$ 自旋角动量分量的最小涨落. 当自旋压缩参数的值满足 $\xi^2 < 1$ 时, 就可以认为存在自旋压缩或者纠缠. 并且 ξ^2 的值越小, 所表示的压缩越强.

方程 (4.45) 中定义的自旋压缩参数可以通过解析的方式求解[5]. 为此, 需要首先假设 $\hat{n}_0 = (\sin\vartheta\cos\varphi, \sin\vartheta\sin\varphi, \cos\vartheta)$, 这里 $\vartheta = \arctan\left(\sqrt{\langle J_x\rangle^2 + \langle J_y\rangle^2}/\langle J_z\rangle\right)$ 和 $\varphi = \arctan(\langle J_y\rangle/\langle J_x\rangle)$ 分别表示极化角和方位角. 为了后面的计算方便, 可以先定义两个互相垂直的单位矢量, $\hat{n}_1 = (-\sin\varphi, \cos\varphi, 0)$ 和 $\hat{n}_2 = (\cos\vartheta\cos\varphi, \cos\vartheta\sin\varphi, -\sin\vartheta)$. 显然, $\hat{n}_1, \hat{n}_2$ 都与 $\hat{n}_0$ 垂直, 这样一来 $(\hat{n}_1, \hat{n}_2, \hat{n}_0)$ 就形成了右手坐标系. 到此为止, 压缩参数可以表示为[5]

$$\xi^2 = \frac{2}{N}\left[\langle J^2_{\hat{n}_1} + J^2_{\hat{n}_2}\rangle - \sqrt{(\langle J^2_{\hat{n}_1} - J^2_{\hat{n}_2}\rangle)^2 + (\langle[J_{\hat{n}_1}, J_{\hat{n}_2}]_+\rangle)^2}\right],\quad(4.46)$$

上式中 $[A,B]_+ = AB + BA$ 代表的是反对易关系. 特别是, 对于本章所讨论的模型存在

$$\begin{aligned}\langle J^2_{\hat{n}_1}\rangle = &-\frac{1}{2}\left[\Gamma^{(r)}_{1122}\cos(2\varphi) + \Gamma^{(i)}_{1122}\sin(2\varphi)\right]\\&+\frac{1}{4}(2\Gamma_{1212} + \gamma_{11} + \gamma_{22}),\end{aligned}\qquad(4.47)$$

$$\langle J_{\hat{n}_2}^2 \rangle = \frac{1}{4}(2\Gamma_{1122}^{(r)} + 2\Gamma_{1212} + \gamma_{11} + \gamma_{22}) \sin^2 \vartheta \cos^2 \varphi$$

$$- \frac{1}{4}(2\Gamma_{1122}^{(r)} - 2\Gamma_{1212} - \gamma_{11} - \gamma_{22}) \cos^2 \vartheta \sin^2 \varphi$$

$$+ \frac{1}{4}(\Gamma_{1111} + \Gamma_{2222} - 2\Gamma_{1212} + \gamma_{11} + \gamma_{22}) \sin^2 \vartheta$$

$$- \frac{1}{2}[\Gamma_{1112}^{(r)} + \Gamma_{1112}^{(i)} - \Gamma_{1222}^{(r)} - \Gamma_{1222}^{(i)}] \sin(2\vartheta) \cos \varphi$$

$$+ \frac{1}{2}\Gamma_{1122}^{(i)} \cos^2 \vartheta \sin(2\varphi), \tag{4.48}$$

和

$$\langle [J_{\hat{n}_1}, J_{\hat{n}_2}]_+ \rangle = -\Gamma_{1122}^{(r)} \sin(2\varphi) \cos \vartheta + \Gamma_{1122}^{(i)} \cos(2\varphi) \cos \vartheta$$

$$+ (\Gamma_{1112}^{(r)} - \Gamma_{1222}^{(r)}) \sin \varphi \sin \vartheta$$

$$- (\Gamma_{1112}^{(i)} - \Gamma_{1222}^{(i)}) \cos \varphi \sin \vartheta, \tag{4.49}$$

这里 $\Gamma_{\alpha\alpha'\beta\beta'}^{(r)}$ 和 $\Gamma_{\alpha\alpha'\beta\beta'}^{(i)}$ 分别表示 $\Gamma_{\alpha\alpha'\beta\beta'}$ 的实部和虚部.

4.5 偶极-偶极相互作用产生的自旋压缩

本节中, 将研究囚禁在双势阱中的偶极玻色凝聚气体中的自旋压缩动力学行为. 作为一个具体的例子, 本章将以 ^{162}Dy 原子所形成的玻色-爱因斯坦凝聚体作为研究对象展开讨论. 对 ^{162}Dy 原子而言, 它的偶极矩和 s-波散射强度分别为 $d = 9.9\mu_B$ 和 $a_0 = 112a_B$[169], 其中 μ_B 和 a_B 表示的是玻尔磁子和玻尔半径. 为了数值计算上的方便, 将引入以下的无量纲单位: $\hbar\omega$ 为能量单位, ω^{-1} 为时间单位, $\ell = [\hbar/(m\omega)]^{1/2}$ 作为长度单位. 为了减少需讨论的自由参数的数目, 在未特别申明的情况下, 以下的讨论中我们选取了 $\omega = (2\pi)10\text{Hz}$, $q/\ell = 0.1$ 和 $\sigma/\ell = 2$. 这样一来, 本章所考虑的系统的动力学行为就完全由粒子的数目 N, 散射长度 a_0, 偶极矩 d 的大小以及方向 α 决定了.

　　为了更好地研究原子间相互作用所产生的自旋压缩的动力学行为, 可将系统的初始态制备在双势阱的基态上. 在此选取 $U_0 = 15\hbar\omega$ 并且关闭了原子间的相互作用. 这样一来, 在 $t = 0$ 时刻所有的原子都凝聚在对称的轨道 ψ_1 上, 如图 4.1(a) 所示. 此时的展开系数 $C_N = 1$.

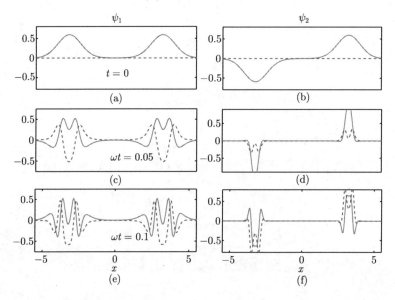

图 4.1　$t = 0$ 时刻接触相互作用打开后, $\omega t = 0$, 0.05, 以及 0.1 时刻的自然轨道 ψ_1 和 ψ_2

实线和虚线分别对应 ψ_1 和 ψ_2 的实部和虚部. 其他参数的取值为 $N = 500$, $\alpha = 0°$ 以及 $U_0 = 20\hbar\omega$

4.5.1　通过接触相互作用产生的自旋压缩

　　首先一起简单地回顾下传统的两模式模型中的自旋压缩动力学行为. 在此模型中, 轨道波函数的动力学行为被忽略. 对于对称 (如图 4.1(a) 所示) 和反对称 (如图 4.1(b) 所示) 的空间波函数轨道, 我们可以验证存在 $V_{1111} = V_{2222} = V_{1122} = V_{1212} = V_{1221} = \kappa$ 和 $V_{1112} = V_{2221} = 0$. 此时哈密顿量 (4.9) 可以约化为 $H = \delta_0 J_z + 2\kappa J_x^2$, 其中 $\delta_0 = h_{11} - h_{22}$. 这就是被广泛研究的 "单轴扭曲" 模型, 此模型对应的最优自旋压缩值为 $\sim N^{-2/3}$. 然而, 事实上如图 4.1 所示, 随着时间增加轨道也存在空间演化而且可积累额外的相位. 因此, 假设先验的固定轨道并不能够足够真实地来描述凝聚体的动力学特征. 基于这些原因, 我们就有必要用 MCTDHB 方法重新检验双势阱中接触相互作用所诱导的自旋压缩动力学行为.

图 4.2 比较了通常的两份量模型与 MCTDHB(2) 理论所获得的自旋压缩参数 ξ^2 的动力学行为. 如图所示, 由上述两种不同的模型所获得的自旋压缩 ξ^2 动力学行为无论是在最优压缩值上还是最优压缩时间上都并不呈现出一致的行为. 此外当使用 MCTDHB(2) 理论来分析时, 由于凝聚体空间波函数演化所带来的影响, 从图中可很清晰的看到此时的最优压缩并不能达到单轴扭曲的极限值 $\sim N^{-2/3}$.

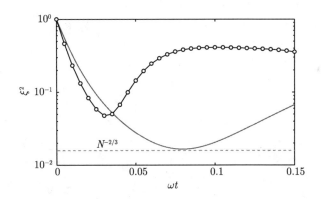

图 4.2　比较利用固定轨道方法 (实线所示) 和 MCTDHB(2) 方法 (空心圆所示) 所获得的自

旋压缩参数 ξ^2 的动力学行为

这里其他参数取值为 $N = 500$, $\alpha = 0°$ 以及 $U_0 = 20\hbar\omega$

这就说明, 此前人们在研究囚禁在双势阱中的玻色气体所广泛采用的 "单轴扭曲" 模型并不能足够精确地描述原子间的自旋压缩行为. 这是因为这种单轴扭曲模型是基于固定的空间波函数假设所推导出来的. 而且, 这种所谓的 "单轴扭曲" 压缩极限也并不能通过原子间的接触碰撞相互作用所获得. 为了获得更高的自旋压缩, 就有必要把原子间的一些长程相互作用考虑进来.

4.5.2   偶极相互作用产生的自旋压缩

接下来, 本节将利用 MCTDHB(2) 理论来研究长程的偶极相互作用所产生的自旋压缩并将其与接触相互作用所得到的结论做比较.

为了能出一个清晰直观的比较, 本节将通过计算 Husimi-Q 函数[5]的方法来展示自旋压缩的产生过程. Husimi-Q 函数定义如下:

$$Q(\theta,\phi) = |\langle\theta,\phi|\Psi(t)\rangle|^2, \tag{4.50}$$

它表示 $\Psi(t)$ 的准概率分布, 而 $|\theta,\phi\rangle$ 为自旋相干态, 其中 θ 和 ϕ 分别表示极化角和方位角.

图 4.3 在 Bloch 球上展示了两体相互作用产生的自旋压缩态所对应的 Husimi-Q 函数. 上图和下图分别对应的是接触相互作用以及偶极相互作用所产生的自旋压缩. 由图 4.3 可见, 在 $t = 0$ 时刻初始的自旋相干态通过 Husimi 函数表示出来就是 Bloch 球上的一个圆斑. 但是, 随

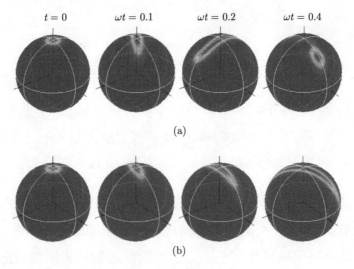

图 4.3 $\omega t = 0, 0.1, 0.2$ 以及 0.4 时刻, 接触相互作用 (a) 和偶极相互作用 (b) 所分别产生的自旋压缩态相对应的 Husimi-Q 函数在 Bloch 球上的表示

在初始时刻 $t = 0$, 初始的自旋相干态的 Husimi-Q 函数为一个圆斑. 最优的压缩角绕着 z 轴随时间旋转.

作图参数的选取为: $\alpha = 0°$, $N = 100$ 和 $U_0 = 20\hbar\omega$

着时间的演化将产生压缩, 此时 Husimi-Q 函数变成了扁圆形状且相应的压缩角也在随时间旋转. 比较图 4.3 的上下两图中 Bloch 球上的分布函数, 可以发现偶极–偶极相互作用所对应的分布函数要比接触相互作用分布的形状更长而且更窄. 这就说明, 长程的偶极–偶极相互作用相比于接触相互作用可以产生更好的压缩.

图 4.4(a) 给出了原子的偶极矩与 z 轴方向形成的不同夹度 α 所对应的自旋压缩参数 ξ^2 的动力学演化行为. 如图所示, 偶极相互作用所产生的最优压缩度可超过所谓的 "单轴扭曲" 极限值 $\sim N^{-2/3}$, 且最优的压缩点随 α 的值而变化. 当 α 的值接近于 "魔角" α_m 时, 此时最优的压缩时间 t^* 变得越来越大. 这就与参考文献 [170, 171] 的结论一致, 因为

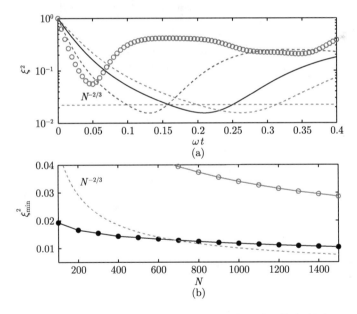

图 4.4　自旋压缩动力学与最优自旋压缩随粒子数变化图

(a) 不同极化角度 α 下: $\alpha = 0°$ (虚线), $\alpha = 30°$ (实线) 和 $\alpha = 90°$ (虚点线). 与接触相互作用 (空心圆所示) 相比偶极相互作用诱导的压缩更强. 此处, 参数选择为: $N = 300$ 和 $U_0 = 20\hbar\omega$.

(b) 最优压缩参数随原子数 N 的变化函数, 这里实线和空心圆分别表示偶极相互作用和接触相互作用所产生的自旋压缩

当 $\alpha = \alpha_m \simeq 54.7°$ 时, 此时的偶极相互作用的平均强度为零, 即在此角度下不存在偶极相互作用来诱导自旋压缩. 这种依赖于偶极角度的自旋压缩就提供了一种存储自旋压缩的可能性, 即可以在最优的压缩时刻 t^* 通过调节 $\alpha = \alpha_m$ 来存储最优的自旋压缩值. 这就意味着, 相比于利用接触相互作用制备自旋压缩态而言, 偶极相互作用无论是在产生的最优压缩值方面还是可控方面都有着更为显著的优势.

为了验证偶极相互作用在诱导自旋压缩方面的优势是否对大的原子数目 N 仍旧适用, 图 4.4(b) 展示了自旋压缩值与原子数目 N 的关系. 如图所示, 随着原子数目的增加, 偶极–偶极相互作用所诱导的自旋压缩值趋近于一个定态值, 并且这个值所代表的压缩度不及 "单轴扭曲" 极限, 但它依旧要优于同等情形下接触相互作用所能产生的自旋压缩值.

接下来, 将进一步来探讨偶极相互作用所诱导的次散粒噪声极限的自旋压缩的物理起源. 为了分析问题的方便, 首先可以将哈密顿量 (4.9) 分解为如下的形式:

$$H = H_1 + H_2 + H_3, \tag{4.51}$$

$$H_1 = \delta J_z + \chi J_z^2, \tag{4.52}$$

$$H_2 = \frac{1}{2}(\beta J_+ + \beta^* J_-), \tag{4.53}$$

$$H_3 = \frac{1}{2}(V_{1122} J_+^2 + V_{1122}^* J_-^2). \tag{4.54}$$

这里 H_1 为广义的 "单轴扭曲" 哈密顿量, 式中

$$\delta = h_{11} - h_{22} + (V_{1111} - V_{2222})(\hat{N} - 1)/2,$$

且

$$\chi = [V_{1111} + V_{2222} - 2(V_{1212} + V_{1221})]/2.$$

这种类型的哈密顿量已经在双分量原子系统中被广泛地被用来实现自旋压缩. 然而在本章所讨论的模型中, 当假设所有的原子都凝聚在第一个

轨道 ψ_1 上时, H_1 在短时间内将不贡献压缩. H_2 描述的是布局在不同轨道上的单粒子间的交换相互作用, 其中

$$\beta = (V_{1112} + V_{1222})\hat{N} + (V_{1112} - V_{1222})J_z, \quad \hat{N} = b_1^{\dagger}b_1 + b_2^{\dagger}b_2.$$

图 4.5(c) 和 4.5(d) 分别给出了偶极相互作用和接触相互作用下 V_{1122} 和 V_{1222} 的动力学行为. 如图 4.6 所示, 对于本章所选取的初始态而言, 哈密顿量 H_2 也同样不能直接诱导自旋压缩. 因此, 能够诱导自旋压缩的部分主要来源于哈密顿量 H_3. H_3 表示的是布局在不同轨道上每次交换两粒子的相互作用, 它的形式类似于 "双轴扭曲" 哈密顿量[106]. 大量的研究表明 "双轴扭曲" 哈密顿量能够提供比 "单轴扭曲" 更强的自旋压缩值. 这就是为什么图 4.4 中所展示的超越 "单轴扭曲" 极限的自旋压缩值了.

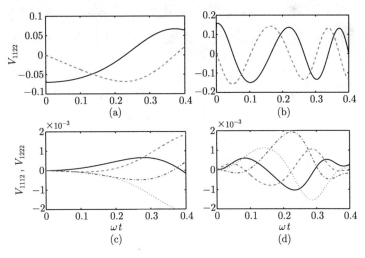

图 4.5　V_{1122}, V_{1112} 以及 V_{1222} 的动力学演化

图 (a) 和 (b) 分别给出了偶极和接触相互作用下, 两粒子交换参数 V_{1122} 随时间 ωt 的变化函数.

图 (c) 和 (d) 分别给出了偶极和接触相互作用下, 参数 V_{1112} 和 V_{1222} 随时间 ωt 的变化函数. 图 (a) 和

(b) 中, 实线和虚线分别表示了 V_{1122} 的实部和虚部. 图 (c) 和 (d) 中, 实线和虚线分别表示了 V_{1122} 的实

部和虚部, 而点虚线和点线分别表示了 V_{1222} 的实部和虚部. 其他参数选取满足: $\alpha = 0°$, $N = 300$,

$$U_0 = 20\hbar\omega$$

　　为了展示 H_3 对自旋压缩的影响, 图 4.5(a) 和 4.5(b) 比较了在长程的偶极相互作用以及短程的接触相互作用下两粒子交换参数 V_{1122} 的值随时间 ωt 的变化函数. 该图显示无论是 V_{1122} 的虚部还是实部都随时间发生震荡. 在最优压缩时间 t^* 范围内, 对于偶极相互作用 V_{1122} 的值改变缓慢. 由图 4.5(b) 可知, 对于接触相互作用而言, V_{1122} 的值却表现出周期震荡的行为, 这将直接导致由 H_3 产生的自旋压缩值 $\xi^2_{H_3}$ 要明显地差于同等条件由偶极相互作用所诱导的自旋压缩值. 从图 4.6(b) 中可以很容易地观察到偶极相互作用所诱导的自旋压缩值 $\xi^2_{H_3}$ 要优于"单轴扭曲"极限值. 图 4.6 也说明了无论是接触相互作用还是偶极相互作用情形, 自旋压缩都主要是由哈密顿量 H_3 贡献的, 尤其是在短时间区间内. 然而, 随着时间逐渐增加, H_1 和 H_2 也会轻微的修正最优的压缩值以及最优压缩时间. 在单纯的偶极相互作用下, 哈密顿量项 H_1 和 H_2 会轻微的增加由 H_3 项所产生的压缩值, 然而在单纯的接触相互作用下情形则正好相反.

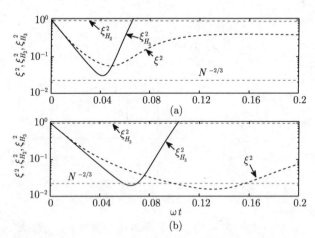

图 4.6　哈密顿量 H_2 和 H_3 分量以及总的哈密顿量 H 产生的自旋压缩的动力学行为

图 (a) 和 (b) 分别对应接触相互作用和偶极相互作用所诱导的自旋压缩参数. 这里参数选取为: $N = 300$, $\alpha = 0°$, $U_0 = 20\hbar\omega$

4.5.3 自旋压缩与二阶关联函数

值得注意的是, 通常情况下利用 MCTDHB 方法计算所获得的自旋压缩与利用一般的两分量模型所获得的压缩没有直接对应关系. 这是因为 MCTDHB 方法考虑的时间相关的空间轨道可能包含了一部分通常的两分量模型所没考虑的激发模式[149]. 因此, 也很难利用目前所广泛使用的飞行时间测量方法来精确的测量压缩值. 幸运的是, 自旋压缩和二阶关联函数存在着密切的关系[172]. 接下来, 本节将探讨布局在两个不同的自然轨道上的原子间的二阶关联函数:

$$g^{(2)} \equiv \frac{\langle b_1^\dagger b_1 b_2^\dagger b_2 \rangle}{\langle b_1^\dagger b_1 \rangle \langle b_2^\dagger b_2 \rangle} = \frac{\Gamma_{1212}}{\gamma_{11}\gamma_{22}}, \tag{4.55}$$

它描述处于基态 ψ_1 的粒子, 在第一激发态 ψ_2 上探测到粒子的概率.

图 4.7 描绘了二阶关联函数 $g^{(2)}$ 随时间 ωt 的变化函数. 将它与图 4.4(a) 相比较可发现 $g^{(2)}$ 与自旋压缩参数 ξ^2 几乎存在着相同的变化趋势. 这就从理论上提供了一种简介探测自旋压缩的方法.

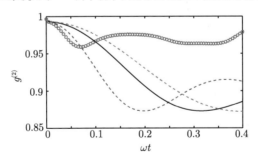

图 4.7 不同角度下二阶关联函数 $g^{(2)}$ 随时间 ωt 的函数

参数选取与图 4.4(a) 一致

4.6 本 章 小 结

本章利用了 MCTDHB(2) 方法研究了布局于两个自然轨道上的原

子的自旋压缩动力学行为. MCTDHB(2) 方法相比于传统的两分量模型而言, 它考虑了凝聚体所处的空间波函数的演化, 因而它所获得的结论更加精确也更加贴近于实际情况. 本章研究发现, 相比于接触相互作用而言, 利用偶极相互作用可产生更优的压缩值, 并且这种最优的自旋压缩值可优于 "单轴扭曲" 的极限值. 此外, 这种利用偶极相互作用所获得的加强的压缩值可通过调节偶极矩的极化方向来实现储存. 本章还解释偶极相互作用能提高自旋压缩的物理本质, 这主要归功于两粒子交换相互作用, 它的形式类似于可达到海森堡极限自旋压缩的 "双轴扭曲" 模型, 因此可极大地加强自旋压缩程度. 本章最后部分进一步分析了自旋压缩与二阶关联函数的密切关系, 提出了一种可间接探测自旋压缩的方案.

第5章 偶极玻色气体库环境诱导的接近于海森堡极限的参数估计精度

量子度量学的一个目标就是获得超越标准量子极限的参数 (或相位) 估计精度[3-5,18,24,27-31,35]. 本章将提出一种通过将原子嵌入一维的偶极玻色-爱因斯坦凝聚体库的方法来获得海森堡极限的参数估计精度的方法. 偶极玻色气体中的原子与嵌入的原子之间的相互碰撞可诱导可控的非线性相互作用. 这种可控性可通过调节偶极与接触相互作用之间的相互强度值以及正负符号来实现. 排斥相互作用的偶极玻色气体库更有利于制备自旋压缩态和非高斯的纠缠态. 利用这种非高斯的纠缠态进行量子度量可获得比压缩态更高的精度并且这种精度可接近于海森堡极限.

5.1 引　言

原子系统的自旋压缩态在量子相位估计中起了非常重要的作用, 因而近些年来被广泛地研究[105,107,109,152-156,173-176]. 正如前文所说, 自旋压缩态可通过自旋 1/2 粒子间的所谓的 "单轴扭曲" 相互作用来动力学产生[102, 103]. 不久前, Stroble 等[174]通过实验展示了 "单轴扭曲" 相互作用也可以产生纠缠的非高斯态, 这种态在量子度量方面可优于自旋压缩态. 目前, "单轴扭曲" 相互作用已经在囚禁离子[173]、里德堡原子[175]、金刚石色心[176]以及原子玻色-爱因斯坦凝聚体中被广泛探讨了.

玻色-爱因斯坦凝聚体由于其特有的相干特性以及可控的非线性等特性[102, 103], 使得它已经成为了量子度量领域的一个很好的载体. 除此之外, 将玻色-爱因斯坦凝聚体作为一个合适的库环境来诱导 "单轴扭曲"

相互作用也被广泛地讨论了[177-187]. 例如, 可通过将一个两分量的凝聚体置于与之完成不同种类的玻色–爱因斯坦库中来获得加强的 "单轴扭曲" 相互作用[187].

　　当前研究表明, 在利用超冷原子系统进行量子度量时, 除了需要考虑通常的两体接触相互作用, 长程的偶极–偶极相互作用也不应忽视[162-166]. 目前, 存在的大的偶极矩的极化玻色–爱因斯坦凝聚体也已经在实验上实现了成功的制备[188, 189]. 此外, 这种有效的偶极相互作用强度以及符号都可以通过一个快速旋转的方向磁场来调节[170,171,190]. 最近, 袁季兵等就考虑了将一个杂质原子置于一个准二维的极化玻色–爱因斯坦凝聚体中, 让凝聚体充当库环境来研究杂质原子的非马尔可夫动力学行为[191]. 这些结果表明, 当考虑利用极化玻色–爱因斯坦凝聚体来实现 "单轴扭曲" 相互作用时, 凝聚体中原子间的磁偶极–偶极相互作用就应该被考虑进来.

　　本章将讨论一种通过库环境的去相位退相干的方法来实现 "单轴扭曲" 相互作用[192], 而退相干效应一直被认为是实现量子度量的一个最主要的障碍. 本章考虑了一个包含了 N 个原子的两分量玻色–爱因斯坦凝聚体与一个准一维的偶极玻色气体库环境的动力学行为. 研究表明, 偶极玻色–爱因斯坦库环境与嵌入的原子之间的碰撞相互作用可以利用自旋–玻色模型来描述. 通过计算自旋压缩参数 ξ_R 与量子 Fisher 信息, 可发现环境的去相位噪声时可以诱导出自旋压缩态和非高斯的纠缠态. 并且发现, 无论是系统原子的自旋压缩还是量子 Fisher 信息都极大地依赖于偶极相互作用与接触相互作用的相对大小和正负符号. 具体表现为排斥相互作用的偶极玻色气体库更有利于制备自旋压缩态和非高斯的纠缠态. 与自旋压缩态相比, 纠缠的非高斯态可在库的噪声环境中持续更长时间. 它们可在无自旋压缩 ($\xi_R > 1$) 的区间中首先单调增加, 然后以 $F_Q \sim N^2/2$ 的值保持在亚稳态上, 随后纠缠迅速增加直到 Fisher 信息达到其最大值 $F_Q \sim N^2$. 量子 Fisher 信息可用来反映量子纠缠度, 这是因为根据 Cramér-Rao 定理, $\Delta\theta \geqslant 1/\sqrt{F_Q}$, 可知道 $F_Q > N$ 意味着该态为纠缠态, 用它来进行量子度量就可以获得超越标准量子极限的参数估计精度. 而 $F_Q = N^2$ 表示的是最大量子纠缠态, 它对应的是海森堡极限的参数估计精度. 这些结论表明, 当利用纠缠的非高斯态来进行量子度量就可以获得海森堡极限的相位估计灵敏度.

5.2 物 理 模 型

本章考虑将 N 个可表示为自旋朝上态 $|\uparrow\rangle \equiv |F = 2, m_F = -1\rangle$ 和自旋朝下态 $|\downarrow\rangle \equiv |F = 1, m_F = 1\rangle$ 的两能级 ^{87}Rb 原子置于一个准一维的偶极玻色气体所构成的环境中. 系统原子被囚禁于一个与内态能级无关的谐振子势中, 如图 5.1(a) 所示. 系统原子与库环境之间的相互作

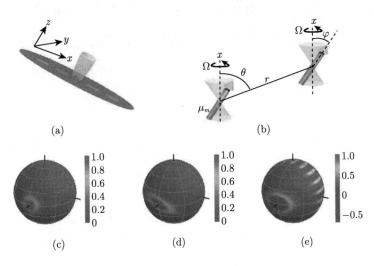

图 5.1 物理模型方案

图 (a) 描述了将 N 个两能级原子 (红色所示) 嵌于一个准一维极化玻色气体 (绿色所示) 中的方案图;

图 (b) 表示通过一个快速旋转的方向磁场来调节库原子间的偶极–偶极相互作用. 图 (c)—(e) 分别表示的

是两能级原子系统处于自旋相干态、自旋压缩态以及纠缠的非高斯态所对应的 Wigner 函数. Wigner 函数

的负值对应的是量子效应 (详见文后彩图)

用可用如下的哈密顿量描述:

$$H = H_A + H_B + H_{AB}, \tag{5.1}$$

这里 H_A 表示的是两能级原子系统的哈密顿量, H_B 为偶极玻色气体库的哈密顿量, 而 H_{AB} 描述的则是它们之间的相互作用部分.

5.2.1　两能级原子系统

囚禁在谐振子势中的两能级原子所构成的凝聚体, 可用如下的自旋哈密顿量来直观的描述:

$$H_A = \lambda J_z + \chi J_z^2. \tag{5.2}$$

上式中基于空间轨道模式 $\boldsymbol{J} = (a_\uparrow^\dagger, a_\downarrow^\dagger)\boldsymbol{\sigma}(a_\uparrow, a_\downarrow)^T/2$, 定义了赝自旋算符 $\boldsymbol{J} \equiv (J_x, J_y, J_z)$, 其中 σ 为泡利矩阵, 而 $\hat{a}_\uparrow(\hat{a}_\downarrow)$ 表示的是原子的湮灭算符. 两态系统的能级差 λ 和非线性作用系数 χ 依赖于两个模式的平均场波函数. 本节假设这两个模式有着相同的空间轨道

$$\Phi_A = (\pi \ell_A^2)^{-3/4} e^{-(x^2+y^2+z^2)/(2\ell_A^2)}, \tag{5.3}$$

式中 $\ell_A = \sqrt{\hbar/(m_A \omega_A)}$, 其中 ω_A 为囚禁势的频率, m_A 表示原子的质量. 通过简单计算可得非线性系数为

$$\chi = (g_{11} + g_{22} - 2g_{12})/[2(2\pi)^{3/2}\ell_A^3],$$

其中的耦合常数为 $g_{ij} = 4\pi\hbar^2 a_{ij}/m_A$, a_{ij} 为 s-波散射长度. 对于 ^{87}Rb 原子以及本书所选取的超精细态而言, a_{ij} 的取值为 $a_{11} = 100.44a_0, a_{22} = 95.47a_0$, $a_{12} = 97.7a_0$, 其中 a_0 为玻尔半径. 将这些值代入 χ 的表达式, 可发现其值趋近于零. 值得注意的是, χ 的值是可以通过 Feshbach 共振的方法来调节, 但是该方法引起的直接后果是增加了原子数目的丢失率[187]. 下文将取 $\chi = 0$, 而利用偶极玻色气体库环境来诱导更强的非线性相互作用.

5.2.2 准一维偶极玻色气体库的 Bogoliubov 模式

在二次量子化形式下, 一维偶极玻色–爱因斯坦凝聚体的多体哈密顿量为

$$
\begin{aligned}
H_B = & \int \mathrm{d}x \hat{\Psi}_B^\dagger(x) \hat{h} \hat{\Psi}_B(x) \\
& + \frac{1}{2} \int \mathrm{d}x \mathrm{d}x' \hat{\Psi}_B^\dagger(x) \hat{\Psi}_B^\dagger(x') V(x-x') \hat{\Psi}_B(x') \hat{\Psi}_B(x),
\end{aligned}
\tag{5.4}
$$

式中 $\hat{\Psi}_B(x)$ 为场算符, 而 $\hat{h} = -\dfrac{\hbar^2 \partial^2}{2m_B \partial x^2}$ 为单粒子哈密顿量, 其中 m_B 表示原子的质量. 将该偶极玻色–爱因斯坦凝聚体限制在一个柱对称的囚禁势阱中, 该囚禁势阱的横向频率为 $\omega_\perp$, 而沿着 x 方向的限制可忽略, 即满足 $\omega_\perp/\omega_x \gg 1$.

在三维情形下, 两体相互作用可表示为

$$
V^{3D}(\boldsymbol{r}) = g_B \delta(\boldsymbol{r}) + \frac{3c_d}{4\pi} \frac{1 - 3(\hat{\mu}_{\mathbf{m}} \cdot \hat{\boldsymbol{r}})^2}{r^3},
\tag{5.5}
$$

式中的接触相互作用强度为 $g_B = 4\pi\hbar^2 a_B/m_B$, 其中 a_B 为 s-波散射长度, 而偶极相互作用强度为 $c_d = 4\pi\hbar^2 a_{dd}/m_B$, 其中 $a_{dd} = \mu_0 \mu_m^2 m_B/(12\pi\hbar^2)$ 为衡量磁偶极–偶极相互作用的长度尺度, 这里 μ_0 表示真空磁导率, μ_m 为磁偶极矩. $\hat{\boldsymbol{r}} = \boldsymbol{r}/r$ 代表单位矢量.

为了获得有效的一维相互作用势, $V(x-x')$, 在哈密顿量 (5.4) 中假设了库原子的横向波函数为

$$
\Psi_\perp(y,z) = (\pi\ell_B^2)^{-1/2} \mathrm{e}^{-(y^2+z^2)/(2\ell_B^2)},
\tag{5.6}
$$

其中 $\ell_B \equiv \sqrt{\hbar/(m_B \omega_\perp)}$ 为高斯波函数的宽度. 通过积分掉 y 和 z 方向的变量, 可得到一维相互作用势的傅里叶变换形式 (具体推导见附录 D.1)

$$
\tilde{V}_{1D}(k) = \frac{g_B}{2\pi\ell_B^2} \left[1 - \epsilon_{dd}\tilde{\nu}(k)\right],
\tag{5.7}
$$

式中 $\epsilon_{dd} \equiv c_d/g_B = a_{dd}/a_B$, 而

$$\tilde{\nu}(k) = 1 - \frac{3}{2}k^2\ell_B^2 \exp\left(\frac{k^2\ell_B^2}{2}\right)\Gamma\left(0, \frac{k^2\ell_B^2}{2}\right), \tag{5.8}$$

其中 $\Gamma(0, x)$ 为非完全 Gamma 函数.

为了进一步讨论, 在简并区间玻色场算符可以分解为

$$\hat{\Psi}_B(\boldsymbol{r}) = \Psi_\perp(y, z)\left[\sqrt{n_0} + \frac{1}{\sqrt{L}}\sum_k\left(u_k\hat{b}_k\mathrm{e}^{\mathrm{i}kx} - v_k\hat{b}_k^\dagger\mathrm{e}^{-\mathrm{i}kx}\right)\right], \tag{5.9}$$

其中, n_0 表示凝聚体的线密度, L 为库的长度, 而 $\hat{b}_k$ ($\hat{b}_k^\dagger$) 代表的是动量为 k 的 Bogoliubov 模式的湮灭 (产生) 算符. 其相应的 Bogoliubov 模式为

$$\begin{cases} u_k = 1/2\left(\sqrt{\varepsilon_k/E_k} + \sqrt{E_k/\varepsilon_k}\right), \\ v_k = 1/2\left(\sqrt{\varepsilon_k/E_k} - \sqrt{E_k/\varepsilon_k}\right), \end{cases} \tag{5.10}$$

这里 $E_k = \hbar^2k^2/(2m_B)$ 为自由粒子的能量, 而它的激发能量为[178]

$$\begin{aligned} \varepsilon_k &= \sqrt{E_k^2 + 2n_0E_k\tilde{\nu}(k)} \\ &= \frac{1}{2}\hbar\omega_\perp\sqrt{(k\ell_B)^4 + \eta(k\ell_B)^2\left[1 - \epsilon_{dd}\tilde{\nu}_D(k)\right]}, \end{aligned} \tag{5.11}$$

式中 $\eta = 8n_0a_B$ 为无量纲参数. 因此, 集体激发子的哈密顿量可表示为

$$H_B' = \sum_{k\neq 0}\varepsilon_k b_k^\dagger b_k. \tag{5.12}$$

上式中对 Bogoliubov 模式的求和排斥了零模部分, 而且在本章模型中它将被当做库环境来处理.

5.2.3　相互作用哈密顿量

利用拉曼跃迁[178,191,193] 的方法, 可实现系统原子的自旋朝上的态与库原子之间的耦合,

$$H_{AB} = g_{AB}\hat{a}_\uparrow^\dagger\hat{a}_\uparrow\int\mathrm{d}\boldsymbol{r}|\Phi_A(\boldsymbol{r})|^2\hat{\Psi}_B^\dagger(\boldsymbol{r})\hat{\Psi}_B(\boldsymbol{r}), \tag{5.13}$$

式中 $g_{AB} = 2\pi\hbar^2 a_{AB}/m_{AB}$, 而 a_{AB} 和 $m_{AB} = m_A m_B/(m_A + m_B)$ 分别表示的是原子和库之间的散射长度和约化质量. 将方程 (5.3) 和 (5.9) 代入上式的相互作用哈密顿量并且忽略关于 $\hat{b}_k$ 和 $\hat{b}_k^\dagger$, 的平方项可得到

$$H_{AB} \simeq \delta_\uparrow \hat{a}_\uparrow^\dagger \hat{a}_\uparrow + \hat{a}_\uparrow^\dagger \hat{a}_\uparrow \sum_k g_k \left(\hat{b}_k + \hat{b}_k^\dagger \right), \qquad (5.14)$$

其中

$$\delta_\uparrow = g_{AB} n_0 \int \mathrm{d}y\mathrm{d}z \, |\Psi_B(y,z)|^2 \, |\Phi_A(y,z)|^2 \int \mathrm{d}x \, |\Phi_A(x)|^2$$
$$= \frac{2\hbar^2 a_{AB} n_0}{m_{AB}(\ell_A^2 + \ell_B^2)}, \qquad (5.15)$$

而

$$g_k = \frac{2\hbar^2 a_{AB}}{m_{AB}(\ell_A^2 + \ell_B^2)} \sqrt{\frac{n_0 E_k}{L\epsilon_k}} \exp\left(-\frac{k^2 \ell_A^2}{4} \right). \qquad (5.16)$$

5.3 系统动力学演化

在相对于 H_B' 的相互作用表象中, 系统总的哈密顿量可表示为

$$H_I(t) = (\lambda + \delta_\uparrow)J_z + N_\uparrow \sum_k g_k(b_k^\dagger \mathrm{e}^{\mathrm{i}\omega_k t} + b_k \mathrm{e}^{-\mathrm{i}\omega_k t}) - \mathrm{i}\Gamma_{\text{loss}} N_\uparrow, \qquad (5.17)$$

上式即为非厄米去相位自旋玻色模型, 而 $N_\uparrow = (J_z + N/2)$ 为自旋朝上态的数算符. 此处的非厄米项 Γ_{loss} 代表单体粒子丢失率, 它是为了描述系统原子与非凝聚的热原子间的非弹性碰撞而引起的粒子数丢失而唯象引入的. 这种粒子丢失机制作为一种典型的耗散机制已在文献中被广泛地研究了[169,196−199].

利用曼克奈斯展开[187], 时间演化算符可以写作 $U(t) = \mathrm{e}^{-\mathrm{i}tH_{\text{eff}}}$, 其中有效哈密顿量为 (详细推导可见附录 D.2)

$$H_{\text{eff}} = \lambda' J_z + \Delta(t)J_z^2 + \mathrm{i}J_z \sum_k (\alpha_k b_k^\dagger - \alpha^* b_k) - \mathrm{i}\Gamma_{\text{loss}} N_\uparrow, \qquad (5.18)$$

这里有 $\lambda' \equiv \lambda + \delta_\uparrow - N\Delta(t)$ 和 $\alpha_k \equiv g_k(1 - \mathrm{e}^{\mathrm{i}\omega_k t})/(t\omega_k)$. 根据上式方程, 可发现系统原子与热库原子间的碰撞相互作用可诱导非线性项 $\propto J_z^2$, 它对应着"单轴扭曲"哈密顿量, 且此处由环境噪声所诱导的非线性强度为[198]

$$\Delta(t) = \frac{1}{t} \int_0^\infty \mathrm{d}\omega J(\omega) \frac{\omega t - \sin(\omega t)}{\omega^2}. \qquad (5.19)$$

上式中环境热库的谱密度 $J(\omega)$ 可定义为

$$J(\omega) = \sum_{k \neq 0} |g_k|^2 \delta(\omega - \varepsilon_k/\hbar).$$

在连续极限下有

$$L^{-1} \sum_k \to (2\pi)^{-1} \int \mathrm{d}k,$$

即

$$
\begin{aligned}
J(\omega) &= \Theta \hbar \omega_\perp^3 \ell_B^3 \int_0^\infty \mathrm{d}k \frac{k^2 \mathrm{e}^{-k^2 \ell_A^2/2}}{\varepsilon(k)} \delta\left(\omega - \frac{\varepsilon(k)}{\hbar}\right) \\
&= \Theta \hbar \omega_\perp^3 \ell_B^3 \sum_i \frac{f(k_i(\omega))}{\omega} \left| \frac{\mathrm{d}\varepsilon(k)}{\mathrm{d}k} \right|_{k=k_i(\omega)}^{-1},
\end{aligned}
\qquad (5.20)
$$

这里 $f(k) \equiv k^2 \mathrm{e}^{-k^2 \ell_A^2/2}$, 其中 $k_i(\omega)$ 为方程 $\varepsilon(k) = \hbar\omega$ 的根, 而式中的无量纲参数 Θ 为

$$\Theta = \frac{n_0 \ell_B^3 a_{AB}^2 (m_A + m_B)^2}{\pi m_A^2 \left(\ell_A^2 + \ell_B^2\right)^2}. \qquad (5.21)$$

假设初始时刻系统与环境总的初始存在以下形式:

$$\rho_T(0) = |\Phi(0)\rangle_A \langle \Phi(0)| \otimes \rho_B, \qquad (5.22)$$

其中

$$|\Phi(0)\rangle_A \equiv \frac{1}{2^{N/2}} (|\uparrow\rangle + |\downarrow\rangle)^{\otimes N} = \sum_m c_m(0) |j, m\rangle$$

为自旋相干态, 它的概率幅为 $c_m = 2^{-j}\sqrt{C_{2j}^{j+m}}$ ($j = N/2$) 对应着系统的总自旋, N 表示系统所包含的总的凝聚原子数目. 上式方程中热库的密度矩阵为

$$\rho_B = \Pi_k[1 - \exp(-\beta\omega_k)]\exp(-\beta\omega_k b_k^\dagger b_k), \tag{5.23}$$

其中 β 为温度的倒数. 借助于方程 (5.18), 系统在 t 时刻随时间演化的约化密度矩阵可以通过对库的自由度求迹的方法而获得

$$\rho_{jm,jn}^A(t) = e^{-it\lambda'(m-n)}e^{it\Delta(t)(m^2-n^2)}$$
$$\times e^{-\Gamma_{\mathrm{loss}}t(m+n+N)}e^{-t(m-n)^2\gamma(t)}\rho_{jm,jn}^A(0), \tag{5.24}$$

式中的退相干函数为

$$\gamma(t) = \frac{1}{t}\int_0^\infty \mathrm{d}\omega J(\omega)\coth\left(\frac{\hbar\omega}{2k_BT}\right)\frac{1-\cos(\omega t)}{\omega^2}, \tag{5.25}$$

显然它是温度 T 的函数.

方程 (5.24) 中, $\Delta(t)$ 和 $\gamma(t)$ 分别对应的是由于库的效应而引起的幺正和非幺正演化部分. 方程 (5.19) 和 (5.25) 表明, 无论是 $\Delta(t)$ 还是 $\gamma(t)$ 都依赖于环境的谱密度 $J(\omega)$. 这种谱密度可以通过调节偶极玻色气体库中的磁偶极–偶极相互作用的强度来实现控制[170,171,190]. 这种调控方法相比于传统的 Feshbach 共振方法最大的区别在于, Feshbach 共振方法是直接作用于系统原子上, 因此将大大地加强了共振点附近由于三体复合而引起的粒子丢失. 因此在本章所考虑的模型中, 由于系统原子与非凝聚热原子间的非弹性碰撞引起的单体粒子丢失将成为需要考虑的最主要的粒子数丢失机制. 当系统温度足够低的时候, 单体丢失率 Γ_{loss} 也将非常小, 因为此时只有很小一部分热原子拥有足够的能量可以将系统原子撞到凝聚体外[199]. 为了使考虑问题简单化, 本章以下内容将只考虑 $T \to 0$ 的情形, 并且将 Γ_{loss} 作为自由参数来处理.

5.4   自旋压缩与纠缠的非高斯自旋态

5.4.1   自旋压缩参数

近些年的研究表明自旋压缩与量子度量学有着密切的关系. 所谓压缩, 指的是自旋角动量涨落的减小. 然而自旋压缩参数的定义并不唯一. 对于通常的自旋系统而言, 如果一个垂直于平均自旋矢量 $\langle \boldsymbol{J} \rangle$ = $\mathrm{Tr}\left[\boldsymbol{J}\rho^A(t)\right]$ 的自旋分量的涨落低于相应的自旋相干态的涨落, 那么这个态就是压缩的. 本章将使用 Wineland 等[105] 所定义的具有度量学意义的自旋压缩参数

$$\xi_R^2 = \frac{N(\Delta J_{\hat{n}_\perp})_{\min}^2}{|\langle \boldsymbol{J} \rangle|^2},$$

此处 $(\Delta J_{\hat{n}_\perp})_{\min}$ 代表的是垂直于平均自旋方向 $\hat{r}_0 \equiv \langle \boldsymbol{J} \rangle / |\langle \boldsymbol{J} \rangle|$ 的最小自旋分量的涨落, 其中平均自旋为 $|\langle \boldsymbol{J} \rangle| = \sqrt{\langle J_x \rangle^2 + \langle J_y \rangle^2 + \langle J_z \rangle^2}$. 如果 $\xi_R^2 < 1$, 则表明这个态是压缩的. 此外, ξ_R^2 的值越小则表示压缩越厉害. 如果取 $\Gamma_{\mathrm{loss}} = 0$, 上式的压缩参数可以很简洁地获得

$$\xi_R^2 = \frac{4 + (N-1)\left(\tilde{A} - \sqrt{\tilde{A}^2 + \tilde{B}^2}\right)}{4\mathrm{e}^{-2t\gamma(t)}\left[\cos(t\Delta(t))\right]^{2N-2}}, \tag{5.26}$$

显然, 此表达式不依赖于 λ' 的值. 它所对应的最优压缩方向为 $\phi_{\mathrm{opt}} = [\pi + \tan^{-1}(\tilde{B}/\tilde{A})]$, 其中

$$\begin{cases} \tilde{A} = 1 - \cos^{N-2}[2(t\Delta(t))]\exp[-4t\gamma(t)], \\ \tilde{B} = -4\sin[t\Delta(t)]\cos^{N-2}[t\Delta(t)]\exp[-t\gamma(t)]. \end{cases} \tag{5.27}$$

当考虑单体丢失的情形时, 即 $\Gamma_{\mathrm{loss}} \neq 0$, 自旋压缩参数的表达形式可在本书附录 D.3 部分找到.

方程 (5.26) 表明去相位噪声起了两个不同的作用: 一方面, 它能通过诱导非线性相互作用项 $\Delta(t)$ 来产生自旋压缩; 另一方面, 它所带来的

退相干函数 $\gamma(t)$ 又会减弱所产生的自旋压缩. 这里存在着此两者的竞争关系.

5.4.2 量子 Fisher 信息与纠缠的非高斯自旋态

为了更好地度量偶极玻色–爱因斯坦凝聚体库所诱导的纠缠行为, 本节将引入量子 Fisher 信息. 一般而言, 如果一个态是纠缠的且用它做量子度量时可获得超越标准量子极限的参数估计精度, 那么它就可等价于量子 Fisher 信息的判据 $F_Q > N$. 相对于通过一个 SU(2) 旋转而积累的 θ 而言, 它的量子 Fisher 信息 F_Q 可描述为[4]

$$F_Q[\rho(\theta,t), \hat{J}_{\vec{n}}] = \vec{n} \boldsymbol{C} \vec{n}^{\mathrm{T}}, \tag{5.28}$$

式中 $\rho(\theta,t) = \exp(-\mathrm{i}\theta J_{\vec{n}})\rho(t)\exp(\mathrm{i}\theta J(\vec{n}))$, 其中 $\vec{n}$ 为最优的旋转方向, 而对称矩阵 $\boldsymbol{C}$ 的相应矩阵元为

$$C_{kl} = \sum_{i \neq j} \frac{(p_i - p_j)^2}{p_i + p_j}[\langle i| J_k |j\rangle \langle j| J_l |i\rangle + \langle i| J_l |j\rangle \langle j| J_k |i\rangle], \tag{5.29}$$

这里 p_i 和 $|i\rangle$ 分别代表了 $\rho(\theta,t)$ 的本质值和本质态.

为了简单起见, 本节将首先研究小粒子数 N 情形, 如 $N = 2$. 当设定 $\lambda' = 0$ 并且忽略粒子丢失, 即 $\Gamma_{\mathrm{loss}} = 0$, 此时量子 Fisher 信息可解析获得

$$F_Q[\rho(\theta,t), \hat{J}_n] = \max[C_{xx}, C_\perp], \tag{5.30}$$

其中

$$C_{xx} = \frac{4\sinh^2[2\gamma(t)t] + 16\mathrm{e}^{2\gamma(t)t}}{1 + 3\mathrm{e}^{4\gamma(t)t}}\left[1 - \frac{16\cos^2[\Delta(t)t]}{\mathrm{e}^{-6\gamma(t)t}[1 - \mathrm{e}^{4\gamma(t)t}]^2 + 16}\right] \tag{5.31}$$

表示 x 轴方向的矩阵元, 而

$$C_\perp = \frac{C_{yy} + C_{zz} + \sqrt{(C_{yy} + C_{zz})^2 + 4C_{yz}^2}}{2} \tag{5.32}$$

表示位于 yz 平面的矩阵元, 它可通过方程 (5.29) 来获得 (详见附录 D.4 推导).

当选取最优时间 $t_{\mathrm{opt}} = \pi/[2\Delta(t)]$ 时, 最大的量子 Fisher 信息可在 x 轴方向被找到:

$$F_Q^{\max} = \frac{4\sinh^2[2\gamma(t)t_{\mathrm{opt}}] + 16\mathrm{e}^{2\gamma(t)t_{\mathrm{opt}}}}{1 + 3\mathrm{e}^{4\gamma(t)t_{\mathrm{opt}}}}. \tag{5.33}$$

方程 (5.33) 表明量子 Fisher 信息与 $\gamma(t)$ 的值直接相关.

当 $\gamma(t) \to 0$ 时, 存在 $F_Q^{\max} \to N^2$, 即海森堡极限. 值得庆幸的是, 当偶极玻色气体库显示排斥的磁偶极–偶极相互作用时, $\gamma(t)$ 的影响几乎可忽略. 因此, 此时限制海森堡极限尺度的参数估计精度将主要是粒子的单体丢失机制了. 下节将利用数值计算的方法来讨论大的 N 值以及 $\Gamma_{\mathrm{loss}} \neq 0$ 情形下的量子 Fisher 信息.

5.5　结论与分析

本节将以 ^{162}Dy 原子形成的玻色–爱因斯坦凝聚体热库作为一个具体的例子来进行讨论. 对于 ^{162}Dy 原子有 $\mu_m = 9.9\mu_B$ 和 $a_B = 112a_0$, 其中 μ_B 为玻尔磁子. 这就意味着 $a_{dd} \simeq 131a_0$ 且偶极玻色库中的偶极相互作用是吸引相互作用, 因为存在 $\epsilon_{dd} > 1$. 因此, 长程的吸引相互作用要强于短程的排斥相互作用. 然而, 不仅接触相互作用可以通过 Feshbach 共振的方法来调节, 而且有效的偶极–偶极相互作用也可通过快速旋转的磁场来调节. 本节接下来将讨论 $\epsilon_{dd} \in [-1,1]$ 的情况, 其中 $\epsilon_{dd} < 0$ 和 $\epsilon_{dd} > 0$ 分别对应着排斥的和吸引的磁偶极相互作用.

为了数值上的计算方便将引入以下无量纲单位: 能量单位 $\hbar\omega_\perp$, 时间单位 $\omega_\perp^{-1}$, 以及长度单位 $\ell_B = [\hbar/(m\omega_\perp)]^{1/2}$. 为了获得无量纲参数 η 和 Θ 的值, 将进一步假设谐振子的囚禁频率 $\omega_x = 2\pi \times 20\mathrm{Hz}$ 和 $\omega_\perp = 2\pi \times 10^3\mathrm{Hz}$. 它们对应着谐振子的宽度为 $\ell_B = \ell_A \simeq 2.5 \times 10^{-7}\mathrm{m}$. 此外,

取准一维凝聚体的线密度为 $n_0 = 10^8 \mathrm{m}^{-1}$, 而 $^{87}\mathrm{Rb}$ 原子和 $^{162}\mathrm{Dy}$ 原子间的 s-波散射长度为 $a_{AB} \sim 5\mathrm{nm}^{[191]}$. 在取上述参数条件下, 接下来的讨论将取 $\eta = 5$ 和 $\Theta = 1.5 \times 10^{-2}$.

由于自旋压缩和量子 Fisher 信息都依赖于参数 $\gamma(t)$ 和 $\Delta(t)$, 接下来将首先研究这些时间相关的去相位因子. 从图 5.2 中, 可以清楚的看到压缩率 $\Delta(t)$ 几乎保持常数 $\Delta(\infty)$. 然而 $\gamma(t)$ 却随时间减小, 当 $\epsilon_{dd} < 0$ 时可获得非常小的 $\gamma(t)$ 值, 约为 10^{-4}—10^{-3}. 对比 $\Delta(t)$ 和 $\gamma(t)$, 可发现当 $\epsilon_{dd} < 0$ 时, $\Delta(t)$ 的值要大于代表耗散率的 $\gamma(t)$ 的值. 这些说明, 在排斥的磁偶极–偶极相互作用的情况下, 热库可诱导强的自旋压缩和大的量子 Fisher 信息.

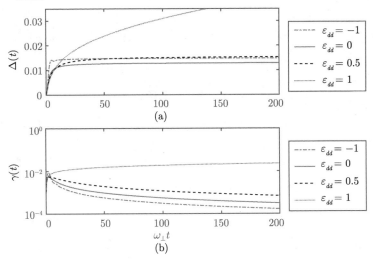

图 5.2　ϵ_{dd} 取不同值时, $\Delta(t)$ 和 $\gamma(t)$ 随时间的变化

其他参数的取值为 $\Theta = 1.5 \times 10^{-2}$ 和 $\eta = 5$. 注意对于排斥的磁偶极–偶极相互作用噪声所诱导的非线性相互作用 $\Delta(t)$ 最终趋近于定值 $\Delta(\infty)$, 而退相干函数 $\gamma(t)$ 则随时间减小

图 5.3 给出了在不同的 ϵ_{dd} 值下, 包含 N 原子的两分量玻色–爱因斯坦凝聚体与一个一维的偶极玻色气体库相互耦合所产生的自旋压缩 ξ_R^2 动力学行为. 如图 3(a) 所示, 在很短的时间尺度内就可以获得最优的压

缩值, 但随后这种压缩将很快就消失, 即 $\xi_R^2 > 1$, 而与此相对的纠缠非高斯态产生了. 然而, 对于排斥的偶极相互作用库可获得更强的自旋压缩, 因为此时的耗散率 $\gamma(t)$ 更小. 图 5.3(b) 进一步给出了不同原子丢失率下自旋压缩参数 ξ_R^2 随时间的演化动力学行为, 它表明压缩程度随原子丢失率的增加而降低.

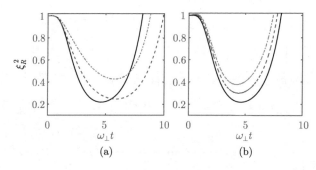

(a)   (b)

图 5.3   包含 $N = 100$ 原子的两分量玻色–爱因斯坦凝聚体与一个一维的偶极玻色气体库相互耦合所产生的自旋压缩 ξ_R^2 动力学行为

(a) ϵ_{dd} 取不同值下的自旋压缩参数, 从上到下 ϵ_{dd} 的取值为 $\epsilon_{dd} = 1, 0, -1$, 图中 $\Gamma_{\text{loss}} = 0$;

(b) $\epsilon_{dd} = -1$ 时, 粒子丢失率取不同值下的自旋压缩参数, 从上到下 Γ_{loss} 的取值为

$$\Gamma_{\text{loss}} = 0.01\Delta(\infty), 0.002\Delta(\infty) \text{ 和 } 0$$

图 5.4 展示了量子 Fisher 信息相对于初始的自旋相干态的放大率 F_Q/N. 图 5.4(a) 给出了不同的排斥相互作用下, 量子 Fisher 信息放大率随时间的变化关系. 如图所示, 与自旋压缩情形不同的是, 量子 Fisher 信息放大率可持续一段很长的时间. 这意味着该过程中纠缠的非高斯态产生了即使在无压缩的区域它也能达到其最大值. 且最优的量子 Fisher 信息首先单调增加, 随后在 yz 平面内达到一个亚稳态值 $\sim N/2$. 然后在最优演化时刻 t_{opt} 时沿着 x 轴方向出现了量子 Fisher 信息突然增加的行为. 图 5.4(b) 表明, 最大的 Fisher 信息放大率 F_Q^{max}/N 正比于原子数目 N, 其比例系数为 $\sim N$, 这与所谓的海森堡极限存在着相同的尺度了. 与吸引的磁偶极–偶极相互作用库相比, 排斥相互作用可诱导更大的

量子 Fisher 信息, 如图 5.4(c) 所示.

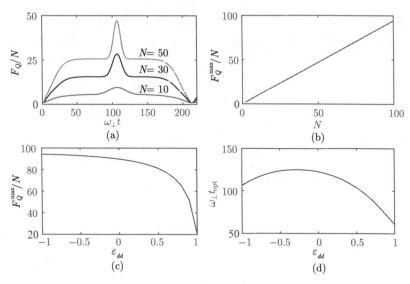

图 5.4 平均量子 Fisher 信息

(a) $\epsilon_{dd} = -1$ 时, 量子 Fisher 信息随时间的变化关系, 图中给出了粒子数取三种不同值的情

形: $N = 10, 30, 50$. (b) $\epsilon_{dd} = -1$ 时, 最大的量子 Fisher 信息放大率 $F_Q^{\max}/N$ 随原子数目 N 的变化关

系. $N = 100$ 时, (c) 量子 Fisher 信息放大率以及 (d) 相应的最优演化时间 $\omega_\perp t_{\mathrm{opt}}$ 随 ϵ_{dd} 的变化关系.

图中 $\Gamma_{\mathrm{loss}} = 0$

比较图 5.4(a) 和 5.4(b) 可发现, 当原子丢失率 Γ_{loss} 不是很大时, 最
优的演化时间为 $t_{\mathrm{opt}} = \pi/[2\Delta(t)] \approx 16\mathrm{ms}$. 这与粒子数 $N = 2$ 的情形
一致.

图 5.5(b) 和 (c) 给出了原子丢失率 Γ_{loss} 取不同值时, 量子 Fisher 信
息与原子数目 N 的关系. 如图 5.5(b) 所示, Γ_{loss} 的值不是很大时, 可获
得接近海森堡极限的参数估计精度. 图 5.5(c) 给出了 Γ_{loss} 取不同值时,
海森堡极限的比值 $F_Q^{\max}/N^2$ 随原子数目 N 的变化关系. 它表明对于合
适的粒子丢失率 Γ_{loss}, 可获得海森堡尺度的参数估计精度, 与海森堡极
限只相差一个前置因子. 随着粒子丢失率的增加, $F_Q^{\max}/N^2$ 的值随着原

子数目 N 的增加而快速减小, 这是因为集体的耗散率 $N\Gamma_{\text{loss}}$ 跟原子数目相关. 幸运的是, 在低温情形下 Γ_{loss} 的值会相对较小, 因此对较大粒子数 N 时仍然可获得鲁棒的超越标准量子极限的相位灵敏度.

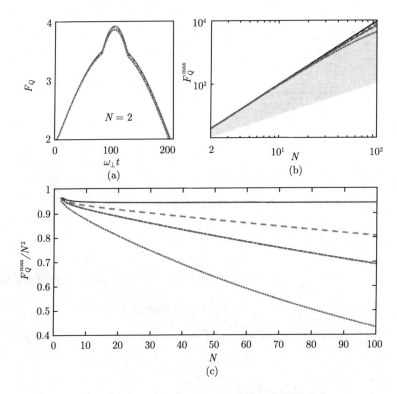

图 5.5   量子 Fisher 信息以及与海森堡极限的比值

(a) $N = 2$ 情形下, Γ_{loss} 取不同值时量子 Fisher 信息与时间 $\omega_{\perp}t$ 的关系. 图中实线对应着方程

(5.30)—(5.33) 中所给出的解析解. (b)Γ_{loss} 取不同值时, 最优量子 Fisher 信息随子数目的变化关系.

图中阴影区域表示标准量子极限和海森堡极限的中间区域. (c) Γ_{loss} 取不同值时, 海森堡极限的比值

$F_Q^{\max}/N^2$ 随原子数目 N 的变化关系. 图中 $\epsilon_{dd} = -1$, 而 Γ_{loss} 的值, 从上到下分别为

$$\Gamma_{\text{loss}} = 0, 0.001\Delta(\infty), 0.002\Delta(\infty), 0.005\Delta(\infty)$$

为了解释纠缠的非高斯态在量子度量方面所能达到的超高灵敏度, 接下来将通过计算最优的纠缠非高斯态与自旋猫态[173]之间的保真度来比较它们之间的关系. 自旋猫态由于具有最大的纠缠度且可获得海森堡

极限的相位灵敏度, 它的具体形式可表示为

$$|\Psi\rangle_{\mathrm{cat}} = \frac{1}{\sqrt{2}} \left(\left| \frac{\pi}{2}, 0 \right\rangle - \mathrm{e}^{-\mathrm{i}\frac{\pi}{2}(N+1)} \left| \frac{\pi}{2}, \pi \right\rangle \right), \tag{5.34}$$

这里 $|\theta_0, \phi_0\rangle \equiv \mathrm{e}^{\mathrm{i}\theta_0(J_x \sin\phi_0 - J_y \cos\phi_0)|j,j\rangle}$ 为自旋相干态. 根据保真度的定义有

$$\mathcal{F}_\varrho = \mathrm{Tr}\sqrt{\varrho_{\mathrm{cat}}^{1/2} \rho^A(t_{\mathrm{opt}}) \varrho_{\mathrm{cat}}^{1/2}}, \tag{5.35}$$

式中 $\varrho_{\mathrm{cat}} = |\Psi\rangle_{\mathrm{cat}}\langle\Psi|$.

由图 5.6 可知, 保真度同时依赖于 ϵ_{dd} 和粒子数 N. 最大的保真度出现在 $\epsilon_{dd} = -1$ 处. 由于耗散率 $\gamma(t)$ 的存在, 保真度随着原子数目的增加而降低. 如图 5.6(a) 所示, 当 $\Gamma_{\mathrm{loss}} = 0$ 时, 对应粒子数 $N = 10, 30,$ 50, 相应的保真度值为 $\mathcal{F}_\varrho \simeq 0.94, 0.85, 0.80$. 图 5.6(b) 中进一步给出了 Γ_{loss} 对保真度的影响.

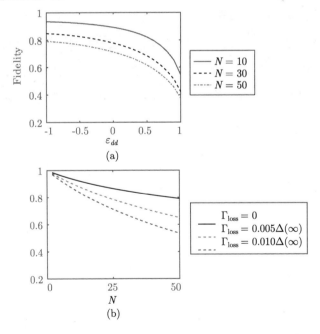

图 5.6　与自旋猫态的保真度

(a) 原子数目 N 取不同值时, 最优的纠缠非高斯态与自旋猫态之间的保真度与 ϵ_{dd} 的关系. 图中粒子丢失率取值为 $\Gamma_{\mathrm{loss}} = 0$. (b) $\epsilon_{dd} = -1$ 而 Γ_{loss} 取不同值时, 保真度随原子数的变化关系

5.6　本章小结

本章提出了一种将系统冷原子嵌入一个准一维的偶极玻色–爱因斯坦热平衡热库中, 以此来制备自旋压缩态以及纠缠的非高斯态的方法. 由于去相位噪声的影响, 即使在无自旋压缩的区域, 纠缠的非高斯态仍然可依次经历高纠缠度的亚稳态、纠缠突然增加的情形. 为了展示这种纠缠态在量子度量方面所能达到的超高灵敏度, 本章通过计算最优的纠缠非高斯态与自旋猫态之间的保真度, 结果发现最优的纠缠非高斯态类似于自旋猫态. 这就确信了利用纠缠的非高斯态进行量子度量所得到的相位估计灵敏度可超越自旋压缩态的灵敏度, 并且这种灵敏度甚至可以趋近于海森堡极限.

最后就本章所获得的结论提出两点说明. 首先, 本章中忽略了嵌入的冷原子系统的空间波函数的演化. 这种假设可以刻画一些基本的物理过程, 如果想更深入的研究空间轨道动力学对量子度量的影响可采用前一章所研究的 MCTDHB 方法[161]. 其次, 本章所提出的方案同样适用于非凝聚的或者非相互作用的两能级杂质原子系统.

第6章 偶极相互作用对旋量玻色–爱因斯坦凝聚体干涉仪灵敏度的影响

干涉仪作为一种非常有用的精确测量工具, 在量子度量学领域起了关键作用目前主要存在两大类干涉仪[18, 200]: 被动式干涉仪 (SU(2) 干涉仪), 比如 Mach-Zehnder 干涉仪; 主动式干涉仪, 比如 SU(1,1) 干涉仪. 光学版的 SU(1,1) 干涉仪的潜在优势是, 即使只输入强的相干光源也同样可以获得超过标准量子极限的相位估计精度. 在旋量玻色–爱因斯坦凝聚体中自旋分量的碰撞交换相互作用产生的非线性机制可以用来实现原子版本的 SU(1,1) 干涉仪. 本章将研究偶极–偶极相互作用对基于自旋为 1 的玻色–爱因斯坦凝聚体所构成的原子版 SU(1,1) 干涉仪的影响.

6.1 引　言

众所周知, 对 Mach-Zehnder 干涉仪而言为了能得到超越标准量子极限的参数估计精度, 非经典的量子输入态就必须被引入. 当前单模压缩真空态[35,39−42]、双模压缩真空态[18, 49, 50, 58] 等非经典态已经被广泛讨论. 然而对于 SU(1,1) 干涉仪而言, 由于使用了一组非线性光学元件代替了通常的 Mach-Zehnder 干涉仪中所采用的分束器, 因此情况就发生了变化. 而这些非线性光学元件本身就具备将输入的经典光源转化为纠缠光子对的能力, 从而提高相位的估计精度. SU(1,1) 干涉仪的潜在优势是, 即使只输入强的相干光源也同样可以获得超过标准量子极限的相位估计精度. 文献 [18] 中, Yurke 等就发现了 SU(1,1) 干涉仪通过自身的激发出来光子对的而获得海森堡量子极限的相位灵敏度问题. 随后, 相关利用强相干光源输入此类干涉仪的分析研究也被开展[201, 202].

自旋为 1 的玻色-爱因斯坦凝聚体, 它其中的相干自旋混合动力学行为可用来产生量子纠缠态[203-207]. 即通过将两个处于 $m_f = 0$ 态上的原子一个转化到 $m_f = 1$ 的自旋态上, 另外一个转化到 $m_f = -1$ 的自旋态上, 这种行为可以看做是原子版本的参数放大. 文献 [208] 中就利用旋量玻色-爱因斯坦凝聚体中的自旋交换碰撞相互作用作为非线性机制实现了原子版本的 SU(1,1) 干涉仪. 在他们的方案中干涉仪的操作满足 SU(1,1) 群, 而且相应的相位灵敏度可以通过平均场近似的方法解析获得. 但是该方案的缺陷是干涉仪中可用于相位估计的原子的数目非常少. 为了获得原子数目相对大的探测态, 文献 [209] 中作者考虑了一种全量子分析的方法, 该方法可获得超越标准极限的相位灵敏度. 并且这种灵敏度是相对于干涉仪中所包含的总原子数目而言.

到目前为止, 基于旋量玻色-爱因斯坦凝聚体的非线性原子干涉仪, 基本上只考虑原子间的 s-波接触相互作用[208-210]. 如前面章节所言, 当前的一些实验观察以及理论研究都表明无论是对 ^{23}Na 还是 ^{87}Rb 原子, 对于旋量凝聚体而言它们间的磁偶极-偶极相互作用确实不容忽略[207,211-220]. 比如, 对 ^{87}Rb 原子而言, 它们的偶极相互作用能量可达到自旋交换能量的 10% 左右[216, 217]. 此外, 这种效应还可能因为偶极相互作用的长程与各项异性的特性可能得到进一步加强. 因此, 如果想利用旋量玻色-爱因斯坦凝聚体来实现超越标准量子极限的干涉仪, 长程的磁偶极-偶极相互作用所带来的效应就应该被考虑进来.

本章将研究基于 ^{87}Rb 凝聚体所构成的自旋混合干涉仪中, 磁偶极-偶极相互作用对相位灵敏度的影响. 如同前面章节, 本章也将利用量子 Fisher 信息来刻画这种自旋混合干涉仪的相位灵敏度. 通过计算可以发现, 量子 Fisher 信息同时依赖于自旋混合动力学的演化时间和囚禁势的几何形状. 对于高度扁圆形的囚禁势, 当选取合适的演化时间时, 可获得加强的超越标准量子极限的相位灵敏度, 并且这种灵敏度是相对于总的输入粒子数目 N 而言的. 本章最后还研究了如何利用贝叶斯相位估计方案来提取最优的相位信息.

6.2 物理模型与哈密顿量

类似于光学的 SU(1,1) 干涉仪, 自旋混合干涉仪也可以分为以下三个步骤: (I) 利用自旋交换碰撞相互作用制备纠缠态, (II) 相位编码以及 (III) 解纠缠与测量部分. 为了实现图 6.1 所示的原子干涉仪, 本节考虑了 N 个自旋为 1 铁磁交换相互作用的 ^{87}Rb 原子囚禁到一个三维势阱中. 当假设所有的自旋分量都有着共同的空间模式 $\phi(r)$ 时, 在单模近似下整个玻色–爱因斯坦凝聚体系统总的哈密顿量可表示为

$$H/|c| = -\hat{S}^2 + d_s(3\hat{S}_z^2 - \hat{S}^2 + \hat{N}_0)$$
$$-3d_n(\hat{S}_x^2 - \hat{S}_y^2 - \hat{a}_{-1}^\dagger \hat{a}_1 - \hat{a}_1^\dagger \hat{a}_{-1}). \tag{6.1}$$

上式中的第一项源于 s-波的接触相互作用, 它包含了体系的自旋混合动力学行为. 这种动力学行为已经在原子版本的 SU(1,1) 干涉仪中被广泛考虑[208, 209]. 以上方程的最后两项源于偶极相互作用. 注意, 上式已经使用了自旋交换相互作用的绝对值 $|c| = |(c_2/2) \int \mathrm{d}r|\phi(r)|^4$ 作为能量单位, 对应的时间单位为 $\hbar/|c|$, $c_2 = 4\pi\hbar^2(a_2 - a_0)/(3M)$, 其中 M 为原子的质量, 而 $a_{0,2}$ 为两个自旋为 1 的原子在总自旋为 0 和 2 的对称通道下相应的 s-波散射长度.

选取 x, y, z 方向特征长度为 $q_{x,y,z}$ 的高斯模函数, 重新标度化的偶极相互作用长度可表示为[217]

$$d_s(\kappa_x, \kappa_y) = \frac{4\pi c_d}{3|c_2|} \kappa_x \kappa_y \int_0^\infty t e^{-(\kappa_x^2 + \kappa_y^2)t^2/2} I_0\left(\frac{1}{2}(\kappa_x^2 + \kappa_y^2)t^2\right)$$
$$\times [2 - 3\sqrt{\pi} t e^{t^2} \mathrm{erfc}(t)] \mathrm{d}t, \tag{6.2}$$

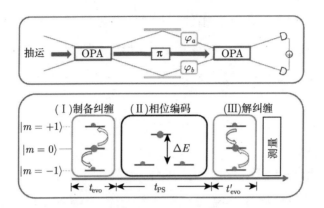

图 6.1　光学的 SU(1,1) 干涉仪示意图以及相应的原子混合干涉仪的实现

图中原子干涉仪的待测相位为 $\theta = 2\Delta E t_{\rm PS}$

$$d_n(\kappa_x, \kappa_y) = \frac{4\pi^{3/2} c_d}{3|c_2|} \kappa_x \kappa_y \int_0^\infty t^2 {\rm e}^{-(\kappa_x^2 + \kappa_y^2)t^2/2} I_1 \left(\frac{1}{2}(\kappa_x^2 + \kappa_y^2)t^2 \right)$$
$$\times {\rm e}^{t^2} {\rm erfc}(t) {\rm d}t, \tag{6.3}$$

式中 $(\kappa_x, \kappa_y) \equiv (q_x/q_z, q_y/q_z)$ 刻画了凝聚体的形状. 本节选取了 $c_d/|c_2| \approx$ 0.1, 其中 $c_d = \mu_0 \mu_B^2 g_F^2/(4\pi)$ 为磁偶极–偶极相互作用的长度, μ_B 代表玻尔磁子, 而 g_F 表示 ^{87}Rb 原子的朗德 g 因子. 上式中, $I_{0,1}(x)$ 为第一类修正的贝塞尔函数, 而 ${\rm erfc}(x)$ 为完全误差函数. $d_{s,n}$ 的取值可为正数也可为负数甚至还可以为零, 具体依赖于 $\kappa_{x,y}$ 的值. 特别是当 $\kappa_x = \kappa_y = 1$ 与 $\kappa_x = \kappa_y$ 时, 分别对应着 $d_{s,n} = 0$ 与 $d_n = 0$.

方程 6.1 中, 多体角动量算符可表示为

$$\hat{S}^2 = (\hat{N}_1 - \hat{N}_{-1})^2 + (2\hat{N}_0 - 1)(\hat{N}_1 + \hat{N}_{-1}) + 2(\hat{a}_1^\dagger \hat{a}_{-1}^\dagger \hat{a}_0^2 + h.c),$$

$$\hat{S}_x = \frac{\sqrt{2}}{2} \left[\hat{a}_0^\dagger(\hat{a}_{-1} + \hat{a}_1) + h.c \right],$$

$$\hat{S}_y = \frac{\sqrt{2}}{2{\rm i}} \left[\hat{a}_0^\dagger(\hat{a}_{-1} - \hat{a}_1) - h.c \right], \tag{6.4}$$

其中 $\hat{a}_{\alpha=0,\pm1}$ 为第 α 个自旋分量所对应的湮灭算符, 而 $\hat{N}_\alpha$ 为相应的数

算符. 上式 $\hat{S}^2$ 中的 $\hat{a}_1^\dagger \hat{a}_{-1}^\dagger \hat{a}_0^2 + h.c$ 为自旋交换相互作用的主要因素, 它作用效果类似于非线性光学中的参数放大相互作用.

如图 6.1 的步骤 (I) 所示, 假设初始时刻存在 $N = N_0$ 个处于自旋分量 $m_f = 0$ 上的粒子, 在数态基矢 $|N_1, N_0, N_{-1}\rangle$ 下, 其对应的波函数为 $|\Psi(0)\rangle = |0, N, 0\rangle$. 在哈密顿量 (6.1) 的作用下, 当演化时间为 t_{evo} 时, 可获得纠缠态

$$|\Psi(t_{\text{evo}})\rangle = \sum_{m,k} \bar{g}_{mk}(t_{\text{evo}})|k, N - 2k + m, k - m\rangle,$$

其中 $\bar{g}_{mk}(t_{\text{evo}})$ 可通过数值计算的方法获得 (参考附录 E). 随后, 相位信息就可以编码到探测态 $|\Psi(t_{\text{evo}})\rangle$ 上, 即步骤 (II).

想要尽可能减小原子间的非线性相互作用在相位积累以及最后的测量过程中的影响, 就需要精确可控的自旋交换相互作用. 当外磁场足够强时, 由于所谓的二次塞曼效应自旋交换过程将会被阻止. 这种效应将会使 $f = 1$ 态的能级下移, 并且可产生附加的哈密顿量[208, 209] $H_{B^2} = q(\hat{N}_1 + \hat{N}_{-1})$, 从而在 $m_f = 0$ 和 $m_f = \pm1$ 分量间诱导出一个能级差. 在文献 [208] 中, 作者选取了磁场 $B = 0.9\text{G}$, 而获得的能级差为 $q = (2\pi)72$ Hz. 这里值得注意的是, 线性的塞曼效应并不影响自旋交换动力学行为. 虽然理论上可以通过快速改变的磁场来实现对自旋交换效应的控制, 然而实际的磁场调节缺乏足够快的改变速度. 实验上, 通常的做法是在 t_{evo} 时刻内利用一个修饰的微波场来补偿磁场. 具体做法是利用远失谐的 π 极化微波场来实现能级 $|1, 0\rangle$ 和 $|2, 0\rangle$ 之间的耦合, 相应的拉比频率和失谐量分别为 Ω 和 Δ[208]. 微波修饰场引起的额外哈密顿量形式为

$$H_\Omega = \frac{\Omega^2}{4\Delta}(\hat{N}_1 + \hat{N}_{-1}),$$

它可以分别通过红失谐和蓝失谐的方法来提高与降低相应的能级. 在 t_{PS} 内, 选取 $\Omega^2/4\Delta = (1 + d_s)(2\hat{N}_0 - 1)$, 则线性相移的有效相互作用形式

如下:

$$H_{\mathrm{PS}}/|c| = q(\hat{N}_1 + \hat{N}_{-1}) - 6d_n\hat{N}_0(\hat{a}_1^\dagger\hat{a}_{-1} + \hat{a}_{-1}^\dagger\hat{a}_1), \qquad (6.5)$$

其中相移为 $\theta = 2qt_{\mathrm{PS}}$.

在步骤 (III) 中, 为了估计相移 θ, 首先需要实现 $m_f = \pm 1$ 模式间的解纠缠, 然后再测量它们上面的粒子数目. 而理想的解纠缠方法为设定 $Ht_{\mathrm{evo}} = -H't'_{\mathrm{evo}}$. 得益于实验上上述非线性耦合的强度和符合都可以调节, 这就意味着可以选取 $ct_{\mathrm{evo}} \simeq -\tilde{c}t'_{\mathrm{evo}}$ 且 $c_d t_{\mathrm{evo}} \simeq -\tilde{c}_d t_{\mathrm{evo}}$ 来实现可逆的读取方案. 上述的三个步骤中, 磁偶极–偶极相互作用都起了重要的作用. 接下来, 本章将考虑这种磁偶极–偶极相互作用对原子干涉仪中待测相位灵敏度的影响.

6.3　存在偶极相互作用的量子 Fisher 信息

本节将通过计算量子 Fisher 信息的方法来探讨磁偶极–偶极相互作用对相位估计精度的影响. 根据量子 Cramér-Rao 定理, 未知参数 θ 可达到的理论极限为 $\Delta^2\theta \geqslant \Delta^2\theta_{QCR} = 1/(mF_Q)$, 其中 m 代表独立测量的数目. 本节所考虑的原子干涉仪的量子 Fisher 信息为

$$\begin{aligned} F_Q &= 4\mathrm{Var}\left(\hat{N}_s/2\right) \\ &= \langle\Psi(t_{\mathrm{evo}})|\hat{N}_s^2|\Psi(t_{\mathrm{evo}})\rangle - \langle\Psi(t_{\mathrm{evo}})|\hat{N}_s|\Psi(t_{\mathrm{evo}})\rangle^2, \end{aligned} \qquad (6.6)$$

其中 $\hat{N}_s = \hat{N}_1 + \hat{N}_{-1}$. 为了方便, 本节将定义平均量子 Fisher 信息 $\bar{F}_Q = F_Q/N$, $\bar{F} = 1$ 代表的是标准量子极限, 而 $\bar{F}_Q > 1$ 对应的是超越标准量子极限的相位灵敏度.

图 6.2(a) 描绘了 κ_x, κ_y 取不同值时, 在足够长的演化时间下最大平均量子 Fisher 信息 $\bar{F}_Q^{\max}$ 的变化. 图 6.2(a) 表明, 在合适的演化时间下可获得相对于总原子数目 N 的超越标准量子极限的值 $\bar{F}_Q^{\max} > 1$.

并且该值依赖于囚禁势的形状 (κ_x, κ_y), 且最优的量子 Fisher 信息出现在 $\kappa_x = \kappa_y$ 的区域, 对应着轴对称情形 $d_n = 0$. 然而值得注意的是, 图 6.2(a) 中为了获得最优的量子 Fisher 信息, 所对应的演化时间也足够长. 因此, 就不可忽略长时间所带来的退相干效应. 事实上, 为了得到超越标准量子极限的灵敏度并不需要太长的演化时间. 图 6.2(b) 进一步给出了获得超越标准量子极限所需的最短演化时间随 κ_x, κ_y 的变化关系. 根据图 6.2(b) 可以很清楚的看到磁偶极–偶极相互作用可以缩短获得超越标准量子极限所需要的演化时间.

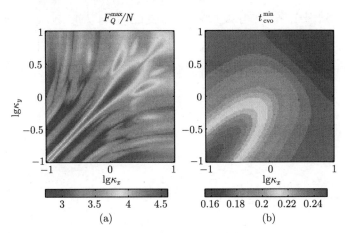

图 6.2 κ_x, κ_y 取不同值时, (a) 最大平均量子 Fisher 信息和 (b) 获得超越标准量子极限的最短演化时间

此处的原子数目为 $N = 20$, 对于 ^{87}Rb 原子存在 $c_d/|c_2| = 0.1$

为了尽可能地避免退相干机制, 并且获得相对大的量子 Fisher 信息, 本节所考虑的自旋混合干涉仪的最大演化时间将限制在时间尺度 $\sim \hbar/(|c|\sqrt{N})$ 内. 该时间相对于自旋为 1 的玻色–爱因斯坦凝聚体的生命时间而言已经很短了. 因此, 当 N 足够大且在快速实现相位编码的非线性干涉仪中, 就可以很安全的忽略退相干因素对凝聚体所带来的影响.

图 6.3(a) 给出了 κ_x, κ_y 取不同值时, 平均量子 Fisher 信息与演化时间的函数. 如图所示, 在短的时间尺度内量子 Fisher 信息随着时间的演

化而增加, 意味着合适的演化时间可以提高量子 Fisher 信息, 并且对应
的值可以超越标准量子极限. 图 6.3(a) 同时还说明了磁偶极–偶极相互
作用有助于获得更好的量子 Fisher 信息. 特别是, 当 $\lg\kappa_x = \lg\kappa_y = 1$ 时
(即凝聚体形状为煎饼状), 可获得最优的量子 Fisher 信息. 图 6.3(b), 给
出了 $|c|\sqrt{N}\hbar t_{\text{evo}}/\hbar = 1$ 时, 平均量子 Fisher 信息与囚禁势阱的几何形状
(κ_x, κ_y) 的变化关系. 如图所示, $\kappa_x = \kappa_y$, 即轴对称的区域 $(d_n = 0)$, 出现
较大的量子 Fisher 信息. 图 6.3(b) 中的对角线展示了当凝聚体的形状由
"雪茄" 状到 "煎饼" 状演变时, 量子 Fisher 信息的变化情况. 无论是图
6.3(a) 还是 6.3(b), 都表明凝聚体为高度的扁圆状时 $\lg\kappa_x = \lg\kappa_y = 1$, 可
获得最优的量子 Fisher 信息. 这意味着, 由于磁偶极–偶极相互作用的存
在, 人们可以通过设计凝聚体的形状来获得超越标准量子极限的最优相
位灵敏度.

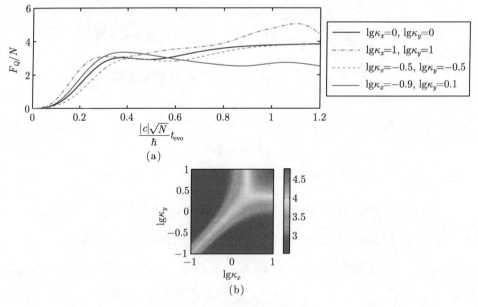

图 6.3　平均量子 Fisher 信息

(a) κ_x, κ_y 取不同值时平均量子 Fisher 信息随时间的变化; (b) $t_{\text{evo}} = \hbar/(|c|\sqrt{N})$ 时, 平均量子 Fisher

信息与囚禁势形状 (k_x, k_y) 的关系. 其他参数选取为 $N = 30$ 和 $c_d/|c_2| = 0.1$

事实上可以从哈密顿量 (6.1) 入手来理解磁偶极–偶极相互作用是如何在短时间尺度内提高相位灵敏度的. 重新标度方程 (6.1), 可得

$$\mathcal{H} = \hat{S}^2 + A_x \hat{S}_x^2 + A_y \hat{S}_y^2 + E(\hat{a}_1^\dagger \hat{a}_{-1} + \hat{a}_{-1}^\dagger \hat{a}_1). \tag{6.7}$$

其中各项异性常数如下:

$$A_x = \frac{3(d_s + d_n)}{1 - 2d_s}, \quad A_y = \frac{3(d_s - d_n)}{1 - 2d_s}, \quad E = \frac{3d_n}{1 - 2d_s}, \tag{6.8}$$

它们依赖于磁偶极–偶极相互作用.

图 6.4 给出了 $A_x(\kappa_x, \kappa_y)$, $A_y(\kappa_x, \kappa_y)$ 以及 $E(\kappa_x, \kappa_y)$ 在参数区间 $0.1 \leqslant \kappa_{x,y} \leqslant 10$ 的取值情况. 图 6.4 表明, 当 $\kappa_x \geqslant 1$ ($\kappa_y \geqslant 1$) 时, 存在 $A_x \geqslant 0$ ($A_y \geqslant 0$). 特别是, 如果 $\kappa_x = \kappa_y$, 存在 $E = 0$ 和 $A_x = A_y$. 此时, 方程 (6.1) 可进一步约化为

$$\mathcal{H}' = \hat{S}^2 - A_1 \hat{S}_z^2,$$

这里 $A_1 = \dfrac{3d_s}{1 + d_s}$ 而 $\hat{S}_z = \hat{a}_1^\dagger \hat{a}_1 - \hat{a}_{-1}^\dagger \hat{a}_{-1}$.

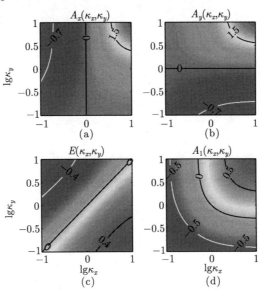

图 6.4 ^{87}Rb 原子对应的各项异性常数 $A_x(\kappa_x, \kappa_y)$, $A_y(\kappa_x, \kappa_y)$, $E(\kappa_x, \kappa_y)$ 以及 $A_1(\kappa_x, \kappa_y)$

图中 $c_d/|c_2| = 0.1$

　　本小节接下来, 将分别探讨各项异性系数 $A_x(\kappa_x, \kappa_y)$, $A_y(\kappa_x, \kappa_y)$, $E(\kappa_x, \kappa_y)$ 以及 $A_1(\kappa_x, \kappa_y)$ 对量子 Fisher 信息的影响. 图 6.5 表明量子 Fisher 信息的值几乎不随参数 E 变化, 但却极大的依赖于 参数 $A_{x,y}$. 也就是说, 在短时间区域, 如果 $A_{x,y}$ 取正值可提高量子 Fisher 信息的值, 取负值则反之. 图 6.5(c) 清晰地展示了在基于轴对称性的凝聚体所构成的原子干涉仪中, 包含 S_z^2 的项在短时间尺度内几乎不影响量子 Fisher 信息的值, 但是在长时间尺度上则可以起到加强的作用.

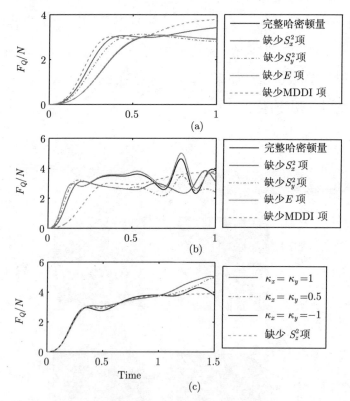

图 6.5　比较存在和不存在磁偶极–偶极相互作用时的平均量子 Fisher 信息

(a) $\lg\kappa_x = -0.8$, $\lg\kappa_y = -0.5$ 对应于 $A_x = -0.533$, $A_y = -0.228$ 和 $E = -0.153$; (b) $\lg\kappa_x = 0.9$, $\lg\kappa_y = 0.5$ 对应于 $A_x = -1.64$, $A_y = 1.26$ 和 $E = 0.194$. 此处, 原子数目 $N = 30$

　　众所周知, 利用压缩态可以获得超越标准量子极限的相位灵敏度. 接下来, 本章将通过计算凝聚体系统的自旋压缩来研究凝聚体形状对相位灵敏度的影响. 对于自旋 $1/2$ 的系统而言, 它的总自旋矢量 $\boldsymbol{S} \equiv (S_x, S_y, S_z)$ 的不同分量可唯一确定. 然而, 与之不同的是对于自旋为 1 的玻色–爱因斯坦凝聚体而言, 它的总自旋就需要用 SU(3) 李代数中的自旋矢量和列阵张量 $Q_{ij} = S_i S_j + S_j S_i - (4/3)\delta_{ij}$ 来同时确定, 式中 δ_{ij} 为 Kronecker delta 函数且 $(\{i, j\} \in \{x, y, z\})$[222, 223]. 对于本节所考虑的初始态, 利用数值的方法可验证 $\langle \boldsymbol{S} \rangle \simeq 0$, 但是 $\langle Q_{ii} \rangle \neq 0$. 且在子空间 $\{S_x, Q_{yz}, Q_+\}$ 和 $\{S_x, Q_{yz}, Q_+\}$ 中都存在压缩, 其中 Q_+ 和 Q_- 分别定义为 $Q_+ = Q_{zz} - Q_{yy}$ 和 $Q_- = Q_{xx} - Q_{zz}$. 因此在 SU(2) 子空间中, 这两个不同的自旋–列阵自旋压缩参数可定义为

$$\xi_{x(y)}^2 = \min_{\theta} \langle [\Delta(\cos\theta S_{x(y)} + \sin\theta Q_{yz(xz)})]^2 \rangle / \langle Q_\pm / 2 \rangle,$$

其中 θ 为正交角[223]. 如果 $\xi_{x(y)}^2 < 1$ 表明存在自旋–列阵压缩.

图 6.6 给出了囚禁势为不同形状时, 自旋–列阵压缩参数 ξ_x^2 随时间的演化曲线. 根据图 6.6 可知, 较强的自旋–列阵压缩同样在 $\kappa_x = \kappa_y$ 区域出现, 这与量子 Fisher 信息展示出了相同的变化趋势. 且高度扁圆的囚禁势可缩短原子达到最优压缩的所需要的时间. 为在阻止原子的"过压缩", 文献 [223] 中作者提出了一种利用周期性微波脉冲来储存自旋–列阵压缩并且将它应用于量子度量的方法.

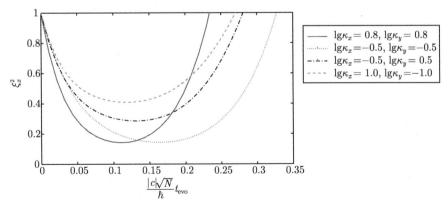

图 6.6 囚禁势取不同形状 (κ_x, κ_y) 时自旋–列阵压缩参数 ξ_x^2 随时间的演化

图中取粒子数 $N = 30$

6.4　最优经典 Fisher 信息

接下来的讨论将集中于轴对称 $(\kappa_x = \kappa_y)$ 的凝聚体所构成的原子干涉仪. 为了展示量子 Fisher 信息所给出的超越标准量子极限的相位灵敏度在实验上的可行性, 本文利用了贝叶斯协议对步骤 (III) 中关于原子数目 $N_{\pm 1}$ 的测量结果进行分析. 下面将引入经典 Fisher 信息 (CFI), 它可表示为[44]

$$F_C(\theta) = \sum_{N_{\pm 1}=0}^{\infty} \frac{1}{P(N_{\pm 1}|\theta)} \left(\frac{\partial P(N_{\pm 1}|\theta)}{\partial \theta} \right)^2,$$

式中 $P(N_{\pm 1}|\theta) = \left| \left\langle N_{\pm 1} | \Psi_{\text{out}}^{(\theta)} \right\rangle \right|^2$ 为给定相移时粒子 $N_{\pm 1}$ 被测量到的条件概率, 而

$$|\Psi_{\text{out}}^{(\theta)}\rangle = e^{-iH't'_{\text{evo}}} e^{-iH_{\text{PS}}t_{\text{PS}}} e^{-iHt_{\text{evo}}} |\Psi(0)\rangle.$$

因此, Cramér-Rao 定理给出的相位灵敏度的饱和下限为 $\Delta\theta_{\text{CR}} = 1/\sqrt{mF_C(\theta)}$, 其中 m 表示独立测量的数目. 与量子 Fisher 信息不同的是, 经典 Fisher 信息依赖于相位 θ, 且存在关系式 $\Delta\theta_{\text{QCR}} \leqslant \Delta\theta_{\text{CR}}$.

图 6.7 展示了最优经典 Fisher 信息 $F_C^{\text{opt}} \equiv \max_\theta F_C(\theta)$ 随因禁势几何形状 $\kappa_{x,y}$ 的函数关系, 且图中参数满足 $\kappa_x = \kappa_y$, 即 $d_n = 0$. 图 6.7 比较了两种不同的解纠缠方案所获得的最优经典 Fisher 信息. 其中, 第一种解纠缠方案已在文献 [209] 中被考虑了, 它直接在 $m_f = 0$ 的分量上加入了一个 $\pi/2$ 的相移, 即 $\hat{a}_0 \to i\hat{a}_0$. 在执行该操作后, 方程 (6.1) 中的角动量算符变为 $S^2 \to \widetilde{S}^2$ 和 $\hat{S}_x^2 - \hat{S}_y^2 \to \widetilde{\hat{S}_x^2} - \widetilde{\hat{S}_y^2}$, 其中

$$\widetilde{S}^2 = (\hat{N}_1 - \hat{N}_{-1})^2 + (2\hat{N}_0 - 1)(\hat{N}_1 + \hat{N}_{-1}) - 2(\hat{a}_1^\dagger \hat{a}_{-1}^\dagger \hat{a}_0^2 + h.c), \quad (6.9)$$

$$\widetilde{\hat{S}_x^2} - \widetilde{\hat{S}_y^2} = \left\{ (2\hat{N}_0 + 1)(\hat{a}_1^\dagger \hat{a}_{-1} + \hat{a}_1 \hat{a}_{-1}^\dagger) - \left[\left(\hat{a}_1^{\dagger 2} + \hat{a}_{-1}^{\dagger 2} \right) \hat{a}_0^2 + h.c \right] \right\}. \quad (6.10)$$

该方案的一个优点就是实验上执行起来相对容易. 图 6.7 表明磁偶极–偶极相互作用可诱导更好的经典 Fisher 信息, 且可获得相对于总的输入原子数目 N 而言的超越标准量子极限的相位灵敏度. 然而, 由于不完美的解纠缠方案, 此处的最优经典 Fisher 信息的值并不能达到量子 Fisher 信息所给出的理论值. 如果想获得更优的相位灵敏度, 可通过改变 c 和 c_d 符号的方法来执行理想的解纠缠方案, 即 $c \to -\tilde{c}$ 和 $c_d \to -\tilde{c}_d$. c 的值可以通过 Feshbach 共振的方法来调控, 而 c_d 的值则可利用快速旋转的方向磁场来实现 $c_d \to \tilde{c}_d \in [-1/2, 1]$ 区间的调控[170]. 值得注意的是, 文献 [175] 提出了一种利用 Loschmidt 回波协议来实现理想的解纠缠方案, 并且获得了量子 Fisher 信息所给出的最优相位灵敏度.

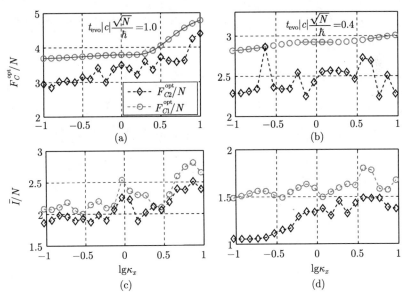

图 6.7 平均 Fisher 信息

(a) 和 (b) 比较了不同的解纠缠方案所获得的最优经典 Fisher 信息. 图中实线所对应的是相应的量子 Fisher 信息. (c) 和 (d) 比较了不同解纠缠方案所对应的经典 Fisher 信息的相位平均. 图中 F_{C1}^{opt} 对应的是理想的解纠缠方案所对应最优经典 Fisher 信息, 而 F_{C2}^{opt} 代表的是非完美的解纠缠方案所获得的值. 其他参数的选取为 $N = 30, \kappa_y = \kappa_x$

为了更好地描述不同相位 $\theta \in [0, 2\pi]$ 条件下的相位估计行为, 本节

将计算 Fisher 信息的相位平均值, 可定义为

$$\bar{I} = \frac{1}{2\pi} \int_0^{2\pi} F_C(\theta) \mathrm{d}\theta. \tag{6.11}$$

图 6.7(c) 和 (d) 表明, 在以上两种不同的解纠缠方案下, 经典 Fisher 信息的相位平均都可以超越标准量子极限. 如图 6.7 所示, 由于磁偶极–偶极相互作用的存在, 只要选取合适的演化时间, 无论是最优还是相位平均的经典 Fisher 信息都可以超越标准量子极限所给出的值, 且高度扁圆形的囚禁势更利于平均相位估计精度的提高.

6.5　本章小结

本章研究了偶极自旋为 1 的玻色–爱因斯坦凝聚体所构成的非线性干涉仪. 通过计算量子 Fisher 信息发现, 相位灵敏度同时依赖于自旋混合动力学演化时间和磁偶极–偶极相互作用. 由于自旋交换过程中粒子高的转移率合适的演化时间可以提高量子 Fisher 信息的值. 此外, 对于固定的自旋混合演化时间而言, 最优的相位估计精度主要由有效的偶极相互作用的强度和方向决定. 本章的研究结果表明, 可以通过改变囚禁势的形状方法来调节有效的偶极–偶极相互作用从而提高相位估计的灵敏度. 而高度扁圆形的囚禁势有利于该干涉仪灵敏度的提高. 本章最后探讨了利于贝叶斯估计方案来提取相位信息. 研究结果表明当采取理想的解纠缠方案, Cramér-Rao 理论所给出不确定度的下限可以被满足.

最后, 需要指出的是本章所获得的结论都是基于自旋为 1 的 ^{87}Rb 玻色–爱因斯坦凝聚体而言的. 事实上, 偶极矩越大, 它对干涉仪的影响也就越大. 目前实验上已经实现了大偶极矩的偶极玻色–爱因斯坦凝聚体, 如 ^{162}Dy 原子. 它的偶极矩为 $10\mu_B$, 该值已远大于 ^{87}Rb 的偶极矩 μ_B[224]. 因此在 ^{162}Dy 原子凝聚体中, 将会导致 s-波接触相互尺度的磁偶极–偶极相互作用. 本书第 4 章就研究了囚禁在双势阱中的 ^{162}Dy

原子, 由于磁偶极–偶极相互作用所诱导的自旋压缩加强, 这种压缩可作为量子度量的有用资源. 作为 ^{162}Dy 原子的旋量对应, 它的核自旋为零因此相应的基态为 ^{5}I$_8$. 这是一个自旋为 8 的偶极凝聚体, 它的自旋交换动力学行为非常复杂因此也需要更深入的研究.

附录 A   方程 (1.38) 的推导

在本附录中, 我们给出第 2 章中方程 (1.38) 的详细推导过程. 输入态的 Wigner 函数定义为

$$W_{\text{in}}(\alpha, \beta) = \frac{4}{\pi^2} \text{Tr}[\rho_{\text{in}} D_b(\beta) D_a(\alpha) (-1)^{a^\dagger a + b^\dagger b} D_a^\dagger(\alpha) D_b^\dagger(\beta)], \quad \text{(A.1)}$$

这里的平移算符满足定义式

$$D_a(\alpha) = e^{\alpha a^\dagger - \alpha^* a} \quad \text{和} \quad D_b(\beta) = e^{\beta b^\dagger - \beta^* b}.$$

对于输入态 ρ_{in}, 它相应的输出态为 $\rho_{\text{out}} = U(\phi) \rho_{\text{in}} U^\dagger(\phi)$, 这里 $U(\phi) = e^{-i\phi J_y}$ 为 Mach-Zehnder 干涉仪的幺正演化算符. 此时, 输出态的 Wigner 函数可表示为

$$\begin{aligned}
W_{\text{out}}(\alpha, \beta) &= \frac{4}{\pi^2} \text{Tr}[\rho_{\text{out}} D_b(\beta) D_a(\alpha) (-1)^{a^\dagger a + b^\dagger b} D_a^\dagger(\alpha) D_b^\dagger(\beta)] \\
&= \frac{4}{\pi^2} \text{Tr}[\rho_{\text{in}} \Lambda(\phi, \alpha, \beta) (-1)^{a^\dagger a + b^\dagger b} \Lambda^\dagger(\phi, \alpha, \beta)], \quad \text{(A.2)}
\end{aligned}$$

其中

$$\Lambda(\phi, \alpha, \beta) = U^\dagger(\phi) D_b(\beta) D_a(\alpha) U(\phi). \quad \text{(A.3)}$$

在方程 (A.2) 的推导过程中, 我们利用了对易关系式 $[a^\dagger a + b^\dagger b, J_y] = 0$.

利用如下关系式

$$U^\dagger(\phi) a U(\phi) = a \cos(\phi/2) - b \sin(\phi/2), \quad \text{(A.4a)}$$

$$U^\dagger(\phi) b U(\phi) = a \sin(\phi/2) + b \cos(\phi/2), \quad \text{(A.4b)}$$

可求得

$$\Lambda(\phi, \alpha, \beta) = D_a(\tilde{\alpha}) D_b(\tilde{\beta}), \tag{A.5}$$

在此引入了

$$\tilde{\alpha} = \alpha \cos(\phi/2) + \beta \sin(\phi/2), \tag{A.6a}$$

$$\tilde{\beta} = -\alpha \sin(\phi/2) + \beta \cos(\phi/2). \tag{A.6b}$$

因此输出态的 Wigner 函数可表示为 $W_{\text{out}}(\alpha, \beta) = W_{\text{in}}(\tilde{\alpha}, \tilde{\beta})$.

附录 B

B.1 方程 (2.12) 的推导

本附录将给出方程 (2.12) 的详细推导过程. 当 $t \in [nT, (n+1)T)$ 时, 方程 (2.9) 可重新表述为

$$
\begin{aligned}
\dot{c}_{\mathrm{e}}(t) &= -\frac{\gamma_0 \lambda}{2} \int_0^t (-1)^{[\frac{t}{T}] + [\frac{t'}{T}]} \mathrm{e}^{-\lambda(t-t')} c_{\mathrm{e}}(t') \mathrm{d}t' \\
&= -\frac{\gamma_0 \lambda}{2}(-1)^n \left\{ \sum_{k=1}^n (-1)^{k-1} \int_{(k-1)T}^{kT} \mathrm{e}^{-\lambda(t-t')} c_{\mathrm{e}}(t') \mathrm{d}t' \right. \\
&\left. \quad + (-1)^n \int_{nT}^t \mathrm{e}^{-\lambda(t-t')} c_{\mathrm{e}}(t') \mathrm{d}t' \right\},
\end{aligned}
\tag{B.1}
$$

这里 $n = \left[\dfrac{t}{T}\right]$, $k = \left[\dfrac{t'}{T}\right]$, 而标记 $[x]$ 代表不超过 x 的最大整数. 将上式方程对时间 t 求导可得

$$
\begin{aligned}
\ddot{c}_{\mathrm{e}}(t) &= -\frac{\gamma_0 \lambda}{2}(-1)^n \left\{ -\lambda \left[\sum_{k=1}^n (-1)^{k-1} \int_{(k-1)T}^{kT} \mathrm{e}^{-\gamma(t-t')} c_{\mathrm{e}}(t') \mathrm{d}t' \right.\right. \\
&\left.\left. \quad + (-1)^n \int_{nT}^t \mathrm{e}^{-\gamma(t-t')} c_{\mathrm{e}}(t') \mathrm{d}t' \right] + (-1)^n c_{\mathrm{e}}(t) \right\} \\
&= -\lambda \dot{c}_{\mathrm{e}}(t) - \frac{\gamma_0 \lambda}{2} c_{\mathrm{e}}(t).
\end{aligned}
\tag{B.2}
$$

上式中的方程为时间局域的齐次微分方程, 它只包含 $\ddot{c}_{\mathrm{e}}(t)$, $\dot{c}_{\mathrm{e}}(t)$ 以及 $c_{\mathrm{e}}(t)$. 接下来将分别给出 $c_{\mathrm{e}}(t)$ 在 $\lambda = 2\gamma_0$ 和 $\lambda \neq 2\gamma_0$ 下的解.

(i) 当 $\lambda = 2\gamma_0$ 时, 在此情形下, 有 $d = \sqrt{\lambda^2 - 2\gamma_0 \lambda} = 0$, 当 $t \in [nT, (n+1)T)$ 时, $c_{\mathrm{e}}(t)$ 的通解可表示为

$$
c_{\mathrm{e}}(t) = (C_1 t + C_2)\mathrm{e}^{-\frac{\lambda t}{2}},
\tag{B.3}
$$

这里 C_1 和 C_2 由下式给出

$$C_1 = e^{\frac{\lambda nT}{2}} \left[\dot{c}_e(nT) + \frac{\lambda}{2} c_e(nT) \right],$$

$$C_2 = e^{\frac{\lambda nT}{2}} \left[-nT\dot{c}_e(nT) + \left(1 - \frac{\lambda nT}{2} \right) c_e(nT) \right]. \tag{B.4}$$

此时有

$$
\begin{pmatrix} c_e(t) \\ \dot{c}_e(t) \end{pmatrix} = e^{-\frac{\lambda(t-nT)}{2}}
\begin{pmatrix} 1 + \dfrac{\lambda(t-nT)}{2} & t-nT \\ -\dfrac{\lambda^2(t-nT)}{4} & 1 - \dfrac{\lambda(t-nT)}{2} \end{pmatrix}
\begin{pmatrix} c_e(nT_+) \\ \dot{c}_e(nT_+) \end{pmatrix}
$$

$$
= e^{-\frac{\lambda(t-nT)}{2}}
\begin{pmatrix} 1 + \dfrac{\lambda(t-nT)}{2} & t-nT \\ -\dfrac{\lambda^2(t-nT)}{4} & 1 - \dfrac{\lambda(t-nT)}{2} \end{pmatrix} \sigma_z
\begin{pmatrix} c_e(nT_-) \\ \dot{c}_e(nT_-) \end{pmatrix}, \tag{B.5}
$$

其中

$$
\begin{pmatrix} c_e(nT_-) \\ \dot{c}_e(nT_-) \end{pmatrix} = e^{-\lambda T/2}
\begin{pmatrix} 1 + \dfrac{\lambda}{2}T & T \\ -\dfrac{\lambda^2 T}{4} & 1 - \dfrac{\lambda T}{2} \end{pmatrix} \sigma_z
\begin{pmatrix} c_e[(n-1)T_-] \\ \dot{c}_e[(n-1)T_-] \end{pmatrix}. \tag{B.6}
$$

上式的推导中利用了边界条件 $c_e(nT_-) = c_e(nT_+)$ 和 $\dot{c}_e(nT_-) = -\dot{c}_e(nT_+)$. 这里 σ_z 为泡利矩阵. 利用递推关系, 可以很容易地获得 n 个脉冲序列作用下的表达式

$$
\sigma_z \begin{pmatrix} c_e[(n-1)T_-] \\ \dot{c}_e[(n-1)T_-] \end{pmatrix} = e^{-\frac{\lambda nT}{2}} (\sigma_z)^n
\begin{pmatrix} 1 + \dfrac{\lambda}{2}T & T \\ -\dfrac{\lambda^2 T}{4} & 1 - \dfrac{\lambda T}{2} \end{pmatrix}^n
\begin{pmatrix} c_e(0) \\ 0 \end{pmatrix}, \tag{B.7}
$$

这里我们利用了初始条件 $\dot{c}_e(0) = 0$. 因此, 存在

$$
\begin{pmatrix} c_e(t) \\ \dot{c}_e(t) \end{pmatrix} = \mathrm{e}^{-\lambda t/2} \begin{pmatrix} 1 + \dfrac{\lambda(t-nT)}{2} & t - nT \\ -\dfrac{\lambda^2(t-nT)}{4} & 1 - \dfrac{\lambda(t-nT)}{2} \end{pmatrix} \times \mathrm{M}^n \begin{pmatrix} c_e(0) \\ 0 \end{pmatrix}.
$$

$$\text{(B.8)}$$

这里的转移矩阵

$$
M = \begin{pmatrix} 1 + \dfrac{\lambda}{2}T & T \\ \dfrac{\lambda^2 T}{4} & \dfrac{\lambda T}{2} - 1 \end{pmatrix}
$$

$$\text{(B.9)}$$

可对角化为 $P^{-1}MP = \mathrm{Diag}[p_+, p_-]$ 其中 $p_\pm = \dfrac{1}{2}[\lambda T \pm \sqrt{(\lambda T)^2 + 4}]$. 其中矩阵 P 和 P^{-1} 分别可表示为

$$
\begin{cases}
P = \begin{pmatrix} T & -T \\ \dfrac{1}{2}\sqrt{(\lambda T)^2 + 4} - 1 & \dfrac{1}{2}\sqrt{(\lambda T)^2 + 4} + 1 \end{pmatrix}, \\[3mm]
P^{-1} = \dfrac{1}{T\sqrt{(\lambda T)^2 + 4}} \begin{pmatrix} \dfrac{1}{2}\sqrt{(\lambda T)^2 + 4} + 1 & T \\ -\dfrac{1}{2}\sqrt{(\lambda T)^2 + 4} - 1 & T \end{pmatrix}.
\end{cases}
$$

$$\text{(B.10)}$$

因此, 可得到

$$
M^n = P \begin{pmatrix} p_+^n & 0 \\ 0 & p_-^n \end{pmatrix} P^{-1} = \begin{pmatrix} m_{11} & m_{12} \\ m_{21} & m_{22} \end{pmatrix},
$$

$$\text{(B.11)}$$

这里

$$
\begin{cases}
m_{11} = \dfrac{p_+^n + p_-^n}{2} + \dfrac{p_+^n - p_-^n}{\sqrt{(\lambda T)^2 + 4}}, & m_{12} = \dfrac{T(p_+^n - p_-^n)}{\sqrt{(\lambda T)^2 + 4}}, \\[3mm]
m_{22} = \dfrac{p_+^n + p_-^n}{2} - \dfrac{p_+^n - p_-^n}{\sqrt{(\lambda T)^2 + 4}}, & m_{21} = \dfrac{\lambda^2 T(p_+^n - p_-^n)}{4\sqrt{(\lambda T)^2 + 4}}.
\end{cases}
$$

$$\text{(B.12)}$$

此时, 方程 (B.8) 可重新表示为

$$
\begin{pmatrix} c_{\mathrm{e}}(t) \\ \dot{c}_{\mathrm{e}}(t) \end{pmatrix} = \mathrm{e}^{-\lambda t/2} \begin{pmatrix} 1 + \dfrac{\lambda(t-nT)}{2} & t-nT \\ -\dfrac{\lambda^2(t-nT)}{4} & 1 - \dfrac{\lambda(t-nT)}{2} \end{pmatrix}
$$
$$
\times \begin{pmatrix} m_{11} & m_{12} \\ m_{21} & m_{22} \end{pmatrix} \begin{pmatrix} c_{\mathrm{e}}(0) \\ 0 \end{pmatrix}. \tag{B.13}
$$

因此, 在脉冲作用下激发态的布局可表示为

$$
c_{\mathrm{e}}(t) = \mathrm{e}^{-\lambda t/2} \left\{ (t-nT)m_{21} + \left[1 + \frac{\lambda(t-nT)}{2} \right] m_{11} \right\} c_{\mathrm{e}}(0). \tag{B.14}
$$

这里的 m_{21} 和 m_{11} 分别被方程 (2.12) 中的 $F_1(n)$ 和 $F_2(n)$ 所代替.

(ii) 当 $\lambda \neq 2\gamma_0$ 时, 在此条件下有 $d = \sqrt{\lambda^2 - 2\gamma_0\lambda} \neq 0$, 此时 $c_{\mathrm{e}}(t)$ 的通解可推导得到

$$
c_{\mathrm{e}}(t) = \mathrm{e}^{-\lambda t/2} \left[A_n \cosh\left(\frac{(t-nT)d}{2} \right) + B_n \sinh\left(\frac{(t-nT)d}{2} \right) \right] c_{\mathrm{e}}(0), \tag{B.15}
$$

式中

$$
\begin{cases} A_n \equiv \mathrm{e}^{\frac{\lambda nT}{2}} c_{\mathrm{e}}(nT_+), \\[2mm] B_n \equiv \mathrm{e}^{\frac{\lambda nT}{2}} \left[\dfrac{\lambda c_{\mathrm{e}}(nT_+)}{d} + \dfrac{2\dot{c}_{\mathrm{e}}(nT_+)}{d} \right]. \end{cases} \tag{B.16}
$$

当 $t \in [(n-1)T, nT)$ 时, 我们还可得到

$$
c_{\mathrm{e}}(t) = \mathrm{e}^{-\lambda t/2} \left\{ A_{n-1} \cosh\left(\frac{[t-(n-1)T]d}{2} \right) \right.
$$
$$
\left. + B_{n-1} \sinh\left(\frac{[t-(n-1)T]d}{2} \right) \right\}. \tag{B.17}
$$

利用边界条件 $c_e(nT_-) = c_e(nT_+)$ 和 $\dot{c}_e(nT_-) = -\dot{c}_e(nT_+)$, 可得到

$$
\begin{cases}
A_n = A_{n-1} \cosh(\tau) + B_{n-1} \sinh(\tau), \\
B_n = \dfrac{2\lambda}{d} \left[A_{n-1} \cosh(\tau) + B_{n-1} \sinh(\tau) \right] \\
\qquad - \left[A_{n-1} \sinh(\tau) + B_{n-1} \cosh(\tau) \right].
\end{cases}
\tag{B.18}
$$

借助于常系数 A_n 和 B_n 的递推关系式, 可得到第 4 章中的方程 (2.14). 其中转移矩阵 M 可被对角化为 $\tilde{P}^{-1} M \tilde{P} = \mathrm{Diag}[m_+, m_-]$. 其中矩阵 $\tilde{P}$ 和 $\tilde{P}^{-1}$ 可表示为

$$
\begin{cases}
\tilde{P} = \begin{pmatrix} \sinh(\tau) & \sinh(\tau) \\ m_+ - \cosh(\tau) & m_- - \cosh(\tau) \end{pmatrix}, \\
\tilde{P}^{-1} = \dfrac{1}{\left| \tilde{P} \right|_{\mathrm{det}}} \begin{pmatrix} m_- - \cosh(\tau) & -\sinh(\tau) \\ \cosh(\tau) - m_+ & \sinh(\tau) \end{pmatrix}.
\end{cases}
\tag{B.19}
$$

此时, 有

$$
\begin{pmatrix} A_n \\ B_n \end{pmatrix} = \tilde{P} \begin{pmatrix} m_+^n & 0 \\ 0 & m_-^n \end{pmatrix} \tilde{P}^{-1} \begin{pmatrix} A_0 \\ B_0 \end{pmatrix},
\tag{B.20}
$$

因此, 方程 (2.16) 可得到.

B.2 噪声通道 $\mathcal{E}_\varphi(t)$

这里我们将给出方程 (2.18) 的详细推导过程. 根据方程 (2.6), 可以重新表述系统与环境组成的总系统的末态

$$
|\Psi(t)\rangle = \left[e^{-i\omega_0 t} c_e(t) |e\rangle + C_g(0) |g\rangle \right] |0\rangle_E + \sum_j e^{-i\omega_j t} c_j(t) |g\rangle |1_j\rangle_E.
\tag{B.21}
$$

因此, 量子比特系统的约化密度矩阵可表示为

$$
\begin{aligned}
\rho_S(t) &= \mathrm{Tr}_E(|\Psi(t)\rangle\langle\Psi(t)|) \\
&= \begin{pmatrix} C_e^2(0)\kappa(t)^2 & e^{-i\omega_0 t}C_e(0)C_g(0)\kappa(t) \\ e^{i\omega_0 t}C_e(0)C_g(0)\kappa(t) & 1-C_e^2(0)\kappa(t)^2 \end{pmatrix} \\
&= e^{-i\varphi\sigma_z/2} \begin{pmatrix} \rho_{ee}(0)\kappa(t)^2 & \rho_{eg}(0)\kappa(t) \\ \rho_{ge}(0)\kappa(t) & 1-\rho_{ee}(0)\kappa(t)^2 \end{pmatrix} e^{i\varphi\sigma_z/2} \\
&= e^{-i\varphi\sigma_z/2}\sum_i E_i\rho(0)E_i^\dagger e^{i\varphi\sigma_z/2} \\
&= \sum_i K_i(\varphi,t)\rho(0)K_i^\dagger(\varphi,t) \equiv \mathcal{E}_\varphi(t)\rho(0),
\end{aligned} \tag{B.22}
$$

这里

$$
E_1(t) = \kappa(t)|0\rangle\langle 0| + |1\rangle\langle 1|, \quad E_2(t) = \sqrt{1-\kappa(t)^2}|1\rangle\langle 0|, \tag{B.23}
$$

其中 $K_i(\varphi,t)$ 已经在方程 (2.19) 中给出.

B.3 方程 (2.24) 中量子 Fisher 信息的推导

在此将给出方程 (2.24) 中量子 Fisher 信息的计算过程. 在基矢 $|0\rangle^{\otimes N}$ 和 $|1\rangle^{\otimes N}$ 下, $\varrho_2(t)$ 可重新表示成

$$
\varrho_2(t) = \frac{1}{2}\begin{pmatrix} \kappa^{2N} & e^{-iN\varphi}\kappa^N \\ e^{iN\varphi}\kappa^N & 1+(1-\kappa^2)^N \end{pmatrix}. \tag{B.24}
$$

为了计算量子 Fisher 信息, 先将 $\varrho_2(t)$ 对角化为

$$
\varrho_2(t) = \sum_i p_i(t)|\psi_i(t)\rangle\langle\psi_i(t)|. \tag{B.25}
$$

其对应的本征值和本征态分别为

$$p_{1,2}(t) = \frac{1}{4}\left[1 + \kappa^{2N} + (1 - \kappa^2)^N \right.$$
$$\left. \pm \sqrt{(1 + \kappa^{2N} + (1 - \kappa^2)^N)^2 - 4\kappa^{2N}(1 - \kappa^2)^N}\right], \quad \text{(B.26)}$$

其中

$$\begin{cases} |\psi_1(t)\rangle = \sin\alpha(t)\,|1\rangle^{\otimes N} + \mathrm{e}^{-\mathrm{i}N\varphi}\cos\alpha(t)\,|0\rangle^{\otimes N}, \\[2mm] |\psi_2(t)\rangle = \cos\alpha(t)\,|1\rangle^{\otimes N} - \mathrm{e}^{-\mathrm{i}N\varphi}\sin\alpha(t)\,|0\rangle^{\otimes N}, \end{cases} \quad \text{(B.27)}$$

这里

$$\alpha(t) = \arctan\frac{2\kappa^N}{\kappa^{2N} - 1 - (1 - \kappa^2)^N + \Xi}, \quad \text{(B.28)}$$

其中

$$\Xi = \sqrt{(1 + \kappa^{2N} + (1 - \kappa^2)^N)^2 - 4\kappa^{2N}(1 - \kappa^2)^N}.$$

在对角表象下, 对称对数导数 (SLD) 的密度矩阵元可表示为

$$L_{ij} = \frac{2\langle\psi_i|\partial_\varphi\varrho_2|\psi_j\rangle}{p_i + p_j}. \quad \text{(B.29)}$$

注意, 上式应满足 $p_1 + p_2 = 1$.

此时 $L(t)$ 可解析表示为

$$L(t) = \frac{2\mathrm{i}N\kappa^N}{1 + \kappa^{2N} + (1 - \kappa^2)^N}\left[|\psi_1\rangle\langle\psi_2| - |\psi_2\rangle\langle\psi_1|\right]. \quad \text{(B.30)}$$

因此, 量子 Fisher 信息可计算为

$$F = \frac{1}{2}\mathrm{Tr}\left[\varrho_2 L^2 + L^2\varrho_2\right]$$
$$= \frac{8N^2\kappa(t)^{2N}}{1 + (1 - \kappa(t)^2)^N + \kappa(t)^{2N}}. \quad \text{(B.31)}$$

附录 C

C.1 退相干函数 $R(t)$ 的推导

本附录将给出退相干函数 $R(t)$ 的推导. 根据方程 (5.24), 系统的约化密度矩阵元可表示为

$$
\begin{aligned}
\rho_{m,l}^{S}(t) &= \mathrm{Tr}_B\left[\langle m|\, U(t)\rho(0)U^{-1}(t)\,|l\rangle\right] \\
&= \mathrm{e}^{-\mathrm{i}\phi(t)(m-l)}\mathrm{e}^{-\mathrm{i}(m^2-l^2)\tilde{\Delta}(t)} \\
&\quad \times \mathrm{Tr}_B\left\{\exp\left[(m-l)\sum_k(\alpha_k b_k^\dagger - \alpha_k^* b_k)\right]\rho_B(0)\right\}\rho_{m,l}(0), \quad\text{(C.1)}
\end{aligned}
$$

其中

$$
\alpha_k = -\mathrm{i}g_k\int_0^t \mathrm{e}^{\mathrm{i}\omega_k s}\epsilon(\tau)\mathrm{d}\tau \quad \text{且} \quad \phi(t)=\int_0^t \lambda\epsilon(\tau)\mathrm{d}\tau.
$$

为了得到方程 (C.1) 的解析表达式. 此时主要的任务变成了计算平移算符的期待值

$$
\Pi_k\mathrm{Tr}_B\left[D(z_k)\rho_B\right]=\mathrm{Tr}_B\left\{\exp\left[(m-l)\sum_k(\alpha_k b_k^\dagger - \alpha_k^* b_k)\right]\rho_B\right\}, \quad\text{(C.2)}
$$

其中 $z_k=(m-l)\alpha_k$. 利用公式[95]

$$
\mathrm{Tr}_B\left[D(z_k)\rho_B\right]=\exp[-(\langle n_k\rangle+1/2)\,|z_k|^2], \quad\text{(C.3)}
$$

这里 $n_k=1/(e^{\beta\omega_k}-1)$, 马上可以得到

$$
\begin{aligned}
\langle D(z_k)\rangle &= \mathrm{Tr}_B\left[D(z_k)\rho_B\right] \\
&= \exp\left\{-(m-l)^2\int_0^\infty \mathrm{d}\omega\, J(\omega)[2n(\omega)+1]\mathrm{F}_n(\omega,t)\right\} \\
&= \exp\left[-(m-l)^2 R(t)\right]. \quad\text{(C.4)}
\end{aligned}
$$

在方程 (C.4) 中, 函数 $F_n(\omega, t)$ 可表示为

$$
\begin{aligned}
F_n(\omega, t) &= \left|\epsilon(\omega, t)\right|^2 / 2 = \frac{1}{2}\left|\int_0^t \mathrm{e}^{\mathrm{i}\omega\tau}\epsilon(\tau)\mathrm{d}\tau\right|^2 \\
&= \frac{1}{2}\left|\sum_{j=0}^n \int_0^t \mathrm{e}^{\mathrm{i}\omega\tau}(-1)^j\theta(\tau - t_j)\theta(t_{j+1} - \tau)\mathrm{d}\tau\right|^2 \\
&= \frac{1}{2\omega^2}\left|1 + (-1)^{n+1}\mathrm{e}^{\mathrm{i}\omega t} + 2\sum_{j=1}^n (-1)^j\mathrm{e}^{\mathrm{i}\omega t_j}\right|^2.
\end{aligned} \tag{C.5}
$$

到此, 方程 (3.17) 中的退相干函数已经推导出来了.

C.2 $f(\omega, t)$ 的推导

本附录将给出第 3 章中方程 (3.21) 的推导过程. 根据方程 (3.11), (3.13), 有

$$
\begin{aligned}
f(\omega, t) &= \int_0^t \mathrm{d}\tau \int_0^\tau \mathrm{d}\tau'\epsilon(\tau)\epsilon(\tau')\sin[\omega(\tau' - \tau)] \\
&= [x^*(\omega, t) - x(\omega, t)]/(2\mathrm{i}) \\
&= -\mathrm{Im}[x(\omega, t)],
\end{aligned} \tag{C.6}
$$

这里的 $x(\omega, t)$ 可由下式给出

$$
\begin{aligned}
&x(\omega, t) \\
&= \int_0^t \mathrm{d}s\,\epsilon(\tau)\mathrm{e}^{\mathrm{i}\omega\tau}\int_0^\tau \mathrm{d}\tau'\epsilon(\tau')\mathrm{e}^{-\mathrm{i}\omega\tau'} \\
&= \sum_{m=0}^n \int_{t_m}^{t_{m+1}} \mathrm{d}s(-1)^m\mathrm{e}^{\mathrm{i}\omega\tau}\int_0^\tau \mathrm{d}\tau'\epsilon(\tau')\mathrm{e}^{-\mathrm{i}\omega\tau'} \\
&= \sum_{m=0}^n \int_{t_m}^{t_{m+1}} \mathrm{d}\tau(-1)^m\mathrm{e}^{\mathrm{i}\omega\tau}\left[\sum_{j=1}^m \int_{t_{j-1}}^{t_j} \mathrm{d}\tau'(-1)^{j-1}\mathrm{e}^{-\mathrm{i}\omega\tau'} + (-1)^m\int_{t_m}^\tau \mathrm{d}\tau'\mathrm{e}^{-\mathrm{i}\omega\tau'}\right] \\
&= -\frac{\mathrm{i}}{\omega}\left\{\sum_{m=0}^n \int_{t_m}^{t_{m+1}} \mathrm{d}\tau(-1)^m\mathrm{e}^{\mathrm{i}\omega\tau}\left[1 + 2\sum_{j=1}^m(-1)^j\mathrm{e}^{-\mathrm{i}\omega t_j} + (-1)^{m+1}\mathrm{e}^{-\mathrm{i}\omega\tau}\right]\right\}
\end{aligned}
$$

$$= \frac{1}{\omega^2} \left[1 + (-1)^{n+1} \mathrm{e}^{i\omega t} + 2 \sum_{m=1}^{n} (-1)^m \mathrm{e}^{-i\omega t_m} \right]$$

$$- \frac{2i}{\omega} \sum_{m=1}^{n} \sum_{j=1}^{m} \int_{t_m}^{t_{m+1}} \mathrm{d}s (-1)^{m+j} \mathrm{e}^{i\omega\tau} \mathrm{e}^{-i\omega t_j} + it/\omega. \tag{C.7}$$

因此可得到

$$f_n(\omega, t) = \vartheta(\omega, t) + \mu(\omega, t) - t/\omega, \tag{C.8}$$

其中

$$\begin{cases} \vartheta(\omega, t) = \dfrac{1}{\omega^2} \left[2 \displaystyle\sum_{m=1}^{n} (-1)^m \sin(\omega t_m) + (-1)^{n+2} \sin(\omega t) \right], \\[4mm] \mu(\omega, t) = \dfrac{2}{\omega^2} \left\{ \displaystyle\sum_{m=1}^{n} \sum_{j=1}^{m} (-1)^{m+j} (\sin[\omega(t_{m+1} - t_j)]) \right. \\[4mm] \qquad\qquad \left. - \sin[\omega(t_m - t_j)]) \right\}, \end{cases} \tag{C.9}$$

即为第 3 章的方程 (3.21).

C.3　纯态的量子 Fisher 信息

这里将给出纯态中量子 Fisher 信息的推导. 根据方程 (3.37), 存在

$$\boldsymbol{C} = 4 \begin{pmatrix} (\Delta J_x)^2 & \mathrm{Cov}(J_x, J_y) & \mathrm{Cov}(J_x, J_z) \\ \mathrm{Cov}(J_x, J_y) & (\Delta J_y)^2 & \mathrm{Cov}(J_y, J_z) \\ \mathrm{Cov}(J_x, J_z) & \mathrm{Cov}(J_y, J_z) & (\Delta J_z)^2 \end{pmatrix}, \tag{C.10}$$

其中 $\mathrm{Cov}(J_m, J_l) = \dfrac{1}{2} \langle J_m J_l + J_l J_m \rangle - \langle J_m \rangle \langle J_l \rangle$. 当采用 UDD 脉冲序列, 有

$$\phi(t) = \int_0^t \lambda\epsilon(\tau)\mathrm{d}\tau = 0$$

在方程 (3.12) 中. 根据方程 (3.16) 和参考文献 [107], $\mathrm{Cov}(J_m, J_l)$ 中的期待值可获得为

$$
\begin{cases}
\langle J_x J_y + J_y J_x \rangle = \mathrm{Im}\langle J_+^2 \rangle = 0, \\
\langle J_x J_z + J_z J_x \rangle = \mathrm{Re}\langle J_+(2J_z + 1) \rangle = 0, \\
\langle J_y J_z + J_z J_y \rangle = \mathrm{Im}\langle J_+(2J_z + 1) \rangle,
\end{cases}
\tag{C.11}
$$

其中

$$
\begin{cases}
\langle J_+(2J_z + 1) \rangle = iN(N-1)\cos^{N-2}[\tilde{\Delta}(t)]\sin[\tilde{\Delta}(t)]/2, \\
\langle J_+ \rangle = N\cos^{N-1}[\tilde{\Delta}(t)]/2, \\
\langle J_+^2 \rangle = N(N-1)\cos^{N-2}[2\tilde{\Delta}(t)]/4,
\end{cases}
\tag{C.12}
$$

且

$$
\begin{cases}
\langle J_x \rangle = N\cos^{N-1}[\tilde{\Delta}(t)]/2, \ \ \langle J_y \rangle = \langle J_z \rangle = 0, \ \ \langle J_z^2 \rangle = N/4, \\
\langle J_x^2 \rangle = \left(N(N+1) + N(N-1)\cos^{N-2}[2\tilde{\Delta}(t)] \right)/8, \\
\langle J_y^2 \rangle = \left(N(N+1) - N(N-1)\cos^{N-2}[2\tilde{\Delta}(t)] \right)/8.
\end{cases}
\tag{C.13}
$$

因此对称矩阵 $\boldsymbol{C}$ 可重新表示为

$$
\boldsymbol{C} = 4
\begin{pmatrix}
(\Delta J_x)^2 & 0 & 0 \\
0 & \langle J_y^2 \rangle & \mathrm{Cov}(J_y, J_z) \\
0 & \mathrm{Cov}(J_y, J_z) & \langle J_z^2 \rangle
\end{pmatrix},
\tag{C.14}
$$

而方程 (C.14) 的本征值为

$$
\lambda_{\max} = 4\max\{(\Delta J_x)^2, \lambda_\pm\},
\tag{C.15}
$$

这里

$$
\begin{cases}
\lambda_\pm = \dfrac{\langle J_y^2 + J_z^2 \rangle \pm \sqrt{\left(\langle J_y^2 + J_z^2 \rangle\right)^2 + 4\mathrm{Cov}(J_y, J_z)^2}}{2}, \\
(\Delta J_x)^2 = \dfrac{N}{4}\left(\dfrac{N+1}{2} + \dfrac{N-1}{2}\cos^{N-2}[2\tilde{\Delta}(t)] \right. \\
\qquad\qquad \left. - N\cos^{2N-2}[\tilde{\Delta}(t)] \right).
\end{cases}
\tag{C.16}
$$

附录 D

D.1 方程 (5.7) 的推导

这里将给出有效的一维相互作用势的傅里叶变换的推导细节. 通过积分掉变量 y 和 z, 可获得

$$
\begin{aligned}
\tilde{V}_{1D}(k) &= \frac{1}{2\pi} \int \mathrm{d}y\mathrm{d}z\, |\Psi_\perp(y,z)|^2 \, F_{yz}^{-1} \left[F_{yz} \left[|\Psi_\perp(y,z)|^2 \right] \tilde{V}(k) \right] \\
&= \frac{1}{2\pi} \int \mathrm{d}y\mathrm{d}z\, |\Psi_\perp(y,z)|^2 \, F_{yz}^{-1} \\
&\quad \times \left[\frac{1}{2\pi} \mathrm{e}^{-(k_y^2 l_B^2 + k_z^2 l_B^2)/4} \left[g_B - c_d \left(1 - 3(\hat{\mu}_m \cdot \hat{\mathbf{e}}_k)^2 \right) \right] \right]. \quad \text{(D.1)}
\end{aligned}
$$

假设偶极矩位于 xz 平面且与 x 轴形成夹角为 φ, 即

$$
\hat{\mu}_m = (\cos\varphi, 0, \sin\varphi). \quad \text{(D.2)}
$$

此时, 可以得到

$$
\begin{aligned}
\tilde{V}_{1D}(k) &= \frac{1}{(2\pi)^2} \int \mathrm{d}\phi \int \mathrm{d}k_\perp k_\perp \mathrm{e}^{-(k_\perp^2 l_B^2)/2} \\
&\quad \times \left[g_B - c_d \left(1 - 3\frac{(k\cos\varphi + k_\perp \cos\phi \sin\varphi)^2}{k^2 + k_\perp^2} \right) \right] \\
&= \frac{g_B}{2\pi l_B^2} - \frac{c_d}{2\pi l_B^2} \left(1 - \frac{3}{2}\sin^2\varphi \right) \left[1 - \frac{3}{2}k^2 l_B^2 \exp\left(\frac{k^2 l_B^2}{2} \right) \Gamma\left(0, \frac{k^2 l_B^2}{2} \right) \right] \\
&= \frac{g_B}{2\pi l_B^2} - \frac{\tilde{c}_d}{2\pi l_B^2} \left[1 - \frac{3}{2}k^2 l_B^2 \exp\left(\frac{k^2 l_B^2}{2} \right) \Gamma\left(0, \frac{k^2 l_B^2}{2} \right) \right] \\
&= \frac{g_B}{2\pi l_B^2} \left\{ 1 - \tilde{\epsilon}_{dd} \left[1 - \frac{3}{2}k^2 l_B^2 \exp\left(\frac{k^2 l_B^2}{2} \right) \Gamma\left(0, \frac{k^2 l_B^2}{2} \right) \right] \right\}, \quad \text{(D.3)}
\end{aligned}
$$

式中 $\tilde{\epsilon}_{dd} = \tilde{c}_d/g_B$, 其中 $k_\perp = \sqrt{k_y^2 + k_z^2}$ 和 $\tilde{c}_d = c_d \left(1 - \frac{3}{2}\sin^2\varphi \right)$. 很显然, 当处于 "魔角" $\alpha_m = 54.74°$ 时, 有效的一维偶极相互作用为零. 而

当 $\alpha < \alpha_m (\alpha > \alpha_m)$, 表象为吸引 (排斥) 相互作用. 第 5 章中, 省略了 $\tilde{c}_d$ 和 $\tilde{\epsilon}_{dd}$ 上的波浪号, 且只考虑 $\epsilon_{dd} \in [-1, 1]$ 的情形.

D.2　时间演化算符 $U(t)$

时间演化算符可通过 Magnus 展开获得

$$U(t) \equiv \mathrm{T}_+ \exp\left[-\mathrm{i}\int_0^t H_I(t')\mathrm{d}t'\right] = \exp\left[\sum_{n=1}^{\infty} \frac{(-\mathrm{i})^n}{n!} F_n(t)\right]. \qquad \text{(D.4)}$$

注意, 展开项中只有下面的前两项不为零:

$$\begin{aligned} F_1(t) &= \int_0^t H_I(t')\mathrm{d}t' \\ &= \lambda t J_z + \left(J_z + \frac{N}{2}\right)\sum_k \int_0^t \left(g_k b_k^\dagger \mathrm{e}^{\mathrm{i}\omega_k t'} + g_k^* b_k \mathrm{e}^{-\mathrm{i}\omega_k t'}\right)\mathrm{d}t' \\ &= \lambda t J_z + \left(J_z + \frac{N}{2}\right)\sum_k (\alpha_k b_k^\dagger - \alpha_k^* b_k) - \mathrm{i}\Gamma_{\mathrm{loss}}, \end{aligned} \qquad \text{(D.5)}$$

$$\begin{aligned} F_2(t) &= \int_0^t \mathrm{d}s \int_0^s \mathrm{d}s' [H_I(s), H_I(s')] \\ &= -2\mathrm{i}N_\uparrow^2 \sum_k |g_k|^2 \int_0^t \mathrm{d}s \int_0^s \mathrm{d}s' \sin\omega_k(s - s') \\ &= -2\mathrm{i}N_\uparrow^2 t\Delta(t), \end{aligned} \qquad \text{(D.6)}$$

式中

$$\alpha_k = -\mathrm{i}g_k \int_0^t \mathrm{e}^{\mathrm{i}\omega_k s}\mathrm{d}s/t = g_k(1 - \mathrm{e}^{\mathrm{i}\omega_k s})/\omega_k t,$$

因为

$$[H_I(s), H_I(s')] = -2\mathrm{i}N_\uparrow^2 \sum_k |g_k|^2 \sin\omega_k(s - s'),$$

与高阶项相互对易.

值得注意的是, 此处相互作用哈密顿量在不同时刻的对易子并不同于单比特情形是个 C 数, 而是一个算符. 且它可以诱导出非线性相互作用项. 这种噪声诱导的非线性相互作用的强度 $\Delta(t)$, 可表示为

$$
\begin{aligned}
\Delta(t) &= \frac{1}{t} \sum_k |g_k|^2 \int_0^t \mathrm{d}s \int_0^s \mathrm{d}s' \sin \omega_k(s - s') \\
&= \frac{1}{t} \int_0^\infty \mathrm{d}\omega J(\omega) \int_0^t \mathrm{d}s \int_0^s \mathrm{d}s' \sin \omega(s - s') \\
&= \frac{1}{t} \int_0^\infty \mathrm{d}\omega J(\omega) \frac{\omega t - \sin(\omega t)}{\omega^2},
\end{aligned}
\tag{D.7}
$$

上式中利用了关系式 $\sum_k |g_k|^2 \to \int_0^\infty \mathrm{d}\omega J(\omega)$. 因此

$$
\begin{aligned}
U(t) &= \exp\left[-\mathrm{i}F_1(t) - \frac{1}{2}F_2(t)\right] \\
&= \exp(-\mathrm{i}\lambda t J_z) \exp\left[\left(J_z + \frac{N}{2}\right) \sum_k (\alpha_k b_k^\dagger - \alpha_k^* b_k)\right] \\
&\quad \times \exp[\mathrm{i}t N_\uparrow^2 \Delta(t)] \mathrm{e}^{-t\Gamma_{\mathrm{loss}}} \\
&= \exp\left[-\mathrm{i}t\lambda' J_z\right] \exp\left[\mathrm{i}t\Delta(t) J_z^2\right] \exp(-t\Gamma_{\mathrm{loss}}) \exp[\mathrm{i}\phi_0(t)] \\
&\quad \times \exp\left[J_z \sum_k (\alpha_k b_k^\dagger - \alpha_k^* b_k)\right],
\end{aligned}
\tag{D.8}
$$

这里 $\lambda' = \lambda - N\Delta(t)$ 和 $\phi_0(t)$ 将作为全局相位而省略.

D.3 $\Gamma_{\mathrm{loss}} \neq 0$ 时的自旋压缩

本附录中将给出 $\Gamma_{\mathrm{loss}} \neq 0$ 时自旋压缩的详细推导过程. 为此, 不失一般性的假设 $\hat{n}_0 = (\sin\vartheta\cos\phi, \sin\vartheta\sin\phi, \cos\vartheta)$, 其中

$$
\vartheta = \tan^{-1}\left(\sqrt{\langle J_x\rangle^2 + \langle J_y\rangle^2}/\langle J_z\rangle\right) \quad \text{和} \quad \phi = \arctan\left(\langle J_y\rangle/\langle J_x\rangle\right)
$$

分别对应极化角和方位角.

定义两个相互正交的单位矢量

$$\hat{n}_1 = (-\sin\phi, \cos\phi, 0) \quad \text{和} \quad \hat{n}_2 = (\cos\vartheta\cos\phi, \cos\vartheta\sin\phi, -\sin\vartheta).$$

显然, $\hat{n}_1$ 和 $\hat{n}_2$ 都与 $\hat{n}_0$ 垂直, 因此 $(\hat{n}_1, \hat{n}_2, \hat{n}_0)$ 形成右手标架. 垂直于平均自旋方向分量的最小涨落为

$$(\Delta J_{\hat{n}_\perp})^2_{\min} = \frac{1}{2}\left[C - \sqrt{A^2 + B^2}\right], \tag{D.9}$$

而平均自旋为

$$|\langle \boldsymbol{J} \rangle| = \sqrt{\langle J_x\rangle^2 + \langle J_y\rangle^2 + \langle J_z\rangle^2} = \sqrt{|\langle J_+\rangle|^2 + \langle J_z\rangle^2}, \tag{D.10}$$

这里

$$A = \frac{\sin^2\vartheta}{2}\left[j(j+1) - 3\langle J_z^2\rangle\right]\frac{(1+\cos^2\vartheta)}{2}\mathrm{Re}[\langle J_+^2\rangle e^{-2\mathrm{i}\phi}]$$
$$+ \sin\vartheta\cos\theta\mathrm{Re}[\langle J_+(2J_z+1)\rangle e^{-\mathrm{i}\phi}],$$

$$B = -\cos\vartheta\mathrm{Im}[\langle J_+^2\rangle e^{-2\mathrm{i}\phi}] + \sin\vartheta\mathrm{Im}[\langle J_+(2J_z+1)\rangle e^{-\mathrm{i}\phi}],$$

$$C = j(j+1) - \langle J_z^2\rangle - \mathrm{Re}[\langle J_+^2\rangle e^{-2\mathrm{i}\phi}] - \frac{\sin^2\vartheta}{2}[j(j+1) - 3\langle J_z^2\rangle]$$
$$+\frac{(1+\cos^2\vartheta)}{2}\mathrm{Re}[\langle J_+^2\rangle e^{-2\mathrm{i}\phi}] - \frac{\sin(2\vartheta)}{2}\mathrm{Re}[\langle J_+(2J_z+1)\rangle e^{-\mathrm{i}\phi}], \tag{D.11}$$

其中

$$\langle J_+\rangle = j e^{\mathrm{i}t\lambda'}e^{-N\Gamma_{\mathrm{loss}}t}e^{-t\gamma(t)}$$
$$\times \{\cos[t\Delta(t)]\cosh(\Gamma_{\mathrm{loss}}t) + \mathrm{i}\sin[t\Delta(t)]\sinh(\Gamma_{\mathrm{loss}}t)\}^{2j-1},$$

$$\langle J_+^2\rangle = j\left(j - \frac{1}{2}\right)e^{-N\Gamma_{\mathrm{loss}}t}e^{-4t\gamma(t)}e^{2\mathrm{i}t\lambda'}$$
$$\times\{\cos[2(t\Delta(t))]\cosh(\Gamma t) + \mathrm{i}\sin[2(t\Delta(t))]\sinh(\Gamma_{\mathrm{loss}}t)\}^{2j-2},$$

$$\langle J_z \rangle = \frac{-j}{2^j} e^{-N\Gamma_{\text{loss}}t} \sinh(2\Gamma_{\text{loss}}t)[1+\cosh(2\Gamma_{\text{loss}}t)]^{j-1},$$

$$\langle J_z^2 \rangle = \frac{je^{-N\Gamma_{\text{loss}}t}}{2^j(1+e^{2\Gamma_{\text{loss}}t})^2}[1+\cosh(2\Gamma_{\text{loss}}t)]^j[2e^{2\Gamma_{\text{loss}}t}+j(1-e^{2\Gamma_{\text{loss}}t})^2],$$

$$\langle J_+(2J_z+1)\rangle = 2j\left(j-\frac{1}{2}\right)e^{it\lambda'}e^{-N\Gamma_{\text{loss}}t}e^{-t\gamma(t)}$$
$$\times \{\cos[t\Delta(t)]\cosh(\Gamma_{\text{loss}}t)+i\sin[t\Delta(t)]\sinh(\Gamma_{\text{loss}}t)\}^{2j-2}$$
$$\times \{-\cos[t\Delta(t)]\sinh(\Gamma_{\text{loss}}t)+i\sin[t\Delta(t)]\cosh(\Gamma_{\text{loss}}t)\}.$$

D.4 $N=2$ 时 $C_\perp$ 的矩阵元

对称矩阵 $\boldsymbol{C}$ 在 yz 平面的矩阵元为

$$C_{yy}=4\left[\frac{|\beta_+|^2(p-p_-)^2}{p+p_-}+\frac{|\beta_-|^2(p-p_+)^2}{p+p_+}\right],$$

$$C_{zz}=4\left[\frac{|\alpha_+|^2(p-p_-)^2}{p+p_-}+\frac{|\alpha_-|^2(p-p_+)^2}{p+p_+}\right],$$

$$C_{yz}=4\sqrt{2}\left[\frac{(p-p_-)^2\alpha_+\text{Im}\beta_+}{p+p_-}+\frac{(p-p_+)^2\alpha_-\text{Im}\beta_-}{p+p_+}\right], \quad \text{(D.12)}$$

其中

$$p=\frac{1}{4}(1-e^{-4t\gamma(t)}), \quad p_\pm=\frac{1}{8}e^{-4t\gamma(t)}\left[1+3e^{4t\gamma(t)}\pm\Xi\right],$$

$$\Xi=\sqrt{(1-e^{4t\gamma(t)})^2+16e^{6t\gamma(t)}}, \quad\quad \text{(D.13)}$$

$$\alpha_\pm=\frac{2\sqrt{2}}{\sqrt{16+e^{-6t\gamma(t)}\left[1-e^{4t\gamma(t)}\pm\Xi\right]^2}}, \quad\quad \text{(D.14)}$$

$$\beta_\pm=\frac{-e^{it\Delta(t)}e^{-3t\gamma(t)}\left[1-e^{4t\gamma(t)}\pm\Xi\right]}{\sqrt{16+e^{-6t\gamma(t)}\left[1-e^{-4t\gamma(t)}\pm\Xi\right]^2}}. \quad\quad \text{(D.15)}$$

附录 E

E.1　哈密顿量 (6.1) 的推导

在二次量子化形式下, 系统包含 s-波碰撞以及磁偶极–偶极相互作用的总的哈密顿量可表示为

$$H = H_0 + H_d, \tag{E.1}$$

这里

$$
\begin{aligned}
H_0 = & \int \mathrm{d}\boldsymbol{r}\, \psi_\alpha^\dagger(\boldsymbol{r}) \left[-\frac{\hbar^2 \nabla^2}{2M} + V_{ext}(\boldsymbol{r})\delta_{\alpha\beta} \right] \psi_\beta(\boldsymbol{r}) \\
& + \frac{c_0}{2} \int \mathrm{d}\boldsymbol{r}\, \psi_\alpha^\dagger(\boldsymbol{r})\psi_\beta^\dagger(\boldsymbol{r})\psi_\alpha(\boldsymbol{r})\psi_\beta(\boldsymbol{r}) \\
& + \frac{c_2}{2} \int \mathrm{d}\boldsymbol{r}\, \psi_\alpha^\dagger(\boldsymbol{r})\psi_{\alpha'}^\dagger(\boldsymbol{r})\boldsymbol{F}_{\alpha\beta} \cdot \boldsymbol{F}_{\alpha'\beta'}\psi_\beta(\boldsymbol{r})\psi_{\beta'}(\boldsymbol{r})
\end{aligned}
\tag{E.2}
$$

为不包含磁偶极–偶极相互作用部分的哈密顿量. 而偶极–偶极相互作用项可表示为

$$
\begin{aligned}
H_d = & \frac{c_d}{2} \int \frac{\mathrm{d}\boldsymbol{r}\,\mathrm{d}\boldsymbol{r}'}{|\boldsymbol{r}-\boldsymbol{r}'|^3} \left[\psi_\alpha^\dagger(\boldsymbol{r})\psi_{\alpha'}^\dagger(\boldsymbol{r}')\boldsymbol{F}_{\alpha\beta} \cdot \boldsymbol{F}_{\alpha'\beta'}\psi_\beta(\boldsymbol{r})\psi_{\beta'}(\boldsymbol{r}') \right. \\
& \left. -3\psi_\alpha^\dagger(\boldsymbol{r})\psi_{\alpha'}^\dagger(\boldsymbol{r}')(\boldsymbol{F}_{\alpha\beta}\cdot\boldsymbol{e})(\boldsymbol{F}_{\alpha'\beta'}\cdot\boldsymbol{e})\psi_\beta(\boldsymbol{r})\psi_{\beta'}(\boldsymbol{r}') \right],
\end{aligned}
\tag{E.3}
$$

式中 $\boldsymbol{e} = (\boldsymbol{r} - \boldsymbol{r}')\,/\,|\boldsymbol{r} - \boldsymbol{r}'|$ 为单位矢量.

将 $\psi_\alpha(\boldsymbol{r}) = a_\alpha\phi(\boldsymbol{r})$ 代入上式哈密顿量, 有

$$H_0 = c(\boldsymbol{S}^2 - 2N), \tag{E.4}$$

其中 $c = (c_2/2)\int \mathrm{d}r\,|\phi(r)|^4$ 为自旋交换相互作用的强度, 而 $\boldsymbol{S} = a_\alpha^\dagger \boldsymbol{F}_{\alpha\beta} a_\beta$

总的多体角动量算符. 此时, 偶极–偶极相互作用可约化为

$$
\begin{aligned}
H_d =& \frac{c_d}{2} \int \frac{\mathrm{d}\boldsymbol{r}\mathrm{d}\boldsymbol{r}' |\phi(\boldsymbol{r})|^2 |\phi(\boldsymbol{r}')|^2}{|\boldsymbol{r} - \boldsymbol{r}'|^3} \\
& \times [\boldsymbol{S}^2 - 3(\boldsymbol{S} \cdot \boldsymbol{e})^2 - (2N - 3a_\alpha^\dagger \boldsymbol{F}_{\alpha\beta} \cdot \boldsymbol{e} \boldsymbol{F}_{\alpha'\beta'} \cdot \boldsymbol{e} a_\beta)] \\
=& \frac{c_d}{2} \int \frac{\mathrm{d}\boldsymbol{r}\mathrm{d}\boldsymbol{r}' |\phi(\boldsymbol{r})|^2 |\phi(\boldsymbol{r}')|^2}{|\boldsymbol{r} - \boldsymbol{r}'|^3} \\
& \times \Bigg[\left(S_z^2 + a_0^\dagger a_0 - \frac{1}{4}(S_+ S_- + S_- S_+) - \frac{1}{2}(a_1^\dagger a_1 + a_{-1}^\dagger a_{-1}) \right) \\
& \times (1 - 3\cos^2 \theta_e) - \frac{3}{4}(S_+^2 \sin^2 \theta_e \mathrm{e}^{-2\mathrm{i}\varphi_e} + H.c) \\
& + \frac{3}{2}(a_{-1}^\dagger a_1 \sin^2 \theta_e \mathrm{e}^{-2\mathrm{i}\varphi_e} + H.c) \\
& - \frac{3}{2}(S_+ S_z \cos \theta_e \sin \theta_e \mathrm{e}^{-\mathrm{i}\varphi_e} + H.c.) - \frac{3}{2}(S_- S_z \cos \theta_e \sin \theta_e \mathrm{e}^{-\mathrm{i}\varphi_e} + H.c) \\
& + \frac{3}{\sqrt{2}}(\cos \theta_e \sin \theta_e \mathrm{e}^{\mathrm{i}\varphi_e} a_0^\dagger a_1 + H.c.) - \frac{3}{\sqrt{2}}(\cos \theta_e \sin \theta_e \mathrm{e}^{-\mathrm{i}\varphi_e} a_0^\dagger a_{-1} + H.c.) \Bigg]
\end{aligned}
\tag{E.5}
$$

上面的推导利用了关系式 $\mathrm{e}_\pm = \mathrm{e}_x \pm \mathrm{i}\mathrm{e}_y, \mathrm{e}_\pm = \sin \theta_e \mathrm{e}^{\pm\mathrm{i}\varphi_e}$ 和 $\mathrm{e}_z = \cos \theta_e$.

对于高斯模函数而言

$$
\phi(\boldsymbol{r}) = \frac{1}{\pi^{3/4}\sqrt{q_x q_y q_z}} \exp\left[-\frac{1}{2}\left(\frac{x^2}{q_x^2} + \frac{y^2}{q_y^2} + \frac{y^2}{q_z^2} \right) \right],
\tag{E.6}
$$

H_d 的最后两项为零. 下面将引入两个参数

$$
d_s = \frac{c_d}{4|c|} \int \frac{\mathrm{d}\boldsymbol{r}\mathrm{d}\boldsymbol{r}' |\phi(\boldsymbol{r})|^2 |\phi(\boldsymbol{r}')|^2 (1 - 3\cos^2 \theta_e)}{|\boldsymbol{r} - \boldsymbol{r}'|^3},
\tag{E.7}
$$

$$
d_n = \frac{c_d}{4|c|} \int \frac{\mathrm{d}\boldsymbol{r}\mathrm{d}\boldsymbol{r}' |\phi(\boldsymbol{r})|^2 |\phi(\boldsymbol{r}')|^2 \sin^2 \theta_e \mathrm{e}^{-2\mathrm{i}\varphi_e}}{|\boldsymbol{r} - \boldsymbol{r}'|^3},
\tag{E.8}
$$

可得到

$$
\begin{aligned}
H_d =& |c|d_s \left(3S_z^2 + 2a_0^\dagger a_0 - \boldsymbol{S}^2 - (a_1^\dagger a_1 + a_{-1}^\dagger a_{-1}) \right) \\
& + |c|d_n \left[-3(S_x^2 - S_y^2) + 3(a_{-1}^\dagger a_1 + a_1^\dagger a_{-1}) \right].
\end{aligned}
\tag{E.9}
$$

此时, 总的哈密顿量可约化为

$$H/|c| = -\hat{S}^2 + d_s(3\hat{S}_z^2 - \hat{S}^2 + \hat{N}_0)$$
$$-3d_n(\hat{S}_x^2 - \hat{S}_y^2 - \hat{a}_{-1}^\dagger \hat{a}_1 - \hat{a}_1^\dagger \hat{a}_{-1}). \tag{E.10}$$

E.2   自旋交换动力学

在数态基矢 $|N_1, N_0, N_{-1}\rangle$ 中将哈密顿量 H 展开, 其中 $N_\alpha \geqslant 0$ 且 $N_1 + N_0 + N_{-1} = N$. 数值上, 可以很方便的将数态基矢表示为 $|m, k\rangle$, 其中 $m = N_1 - N_{-1}$ 和 $k = N_1$ $m_F = 1$ 为分量上的原子数目. 由于 $N_{-1} = k - m$ 和 $N_0 = N - 2k + m$, 可得到

$$\max(0, m) \leqslant k \leqslant \left[\frac{N+m}{2}\right]. \tag{E.11}$$

因此, 哈密顿量 H 的矩阵元可表示为 $H_{mk,m'k'} \equiv \langle m, k| H |m', k'\rangle$, 它的维度为 $D \times D$, 其中 $D = (N+1)(N+2)/2$. 态 $|m, k\rangle$ 的指标 r, 可记作 $r(m, k)$ 被存储在一个维数组中

$$r: \qquad 0, \qquad\qquad 1, \qquad\qquad 2, \qquad\qquad 3, \qquad \cdots, D-1$$
$$|m, k\rangle: |-N, 0\rangle, |-N+1, 0\rangle, |-N+2, 0\rangle, |-N+2, 1\rangle, \cdots, |N, 0\rangle.$$
$$\tag{E.12}$$

对角化 H, 可得到其本征态 $|\psi_s\rangle$

$$H |\psi_s\rangle = E_s |\psi_s\rangle, \tag{E.13}$$

当定义 $|\phi_r\rangle \equiv |m, k\rangle$, 其中 $r = r(m, k)$, 我们有 $|\psi_s\rangle = \sum_r u_{r,s} |\phi_r\rangle$, 其中 $u_{r,s} = \langle \phi_r | \psi_s\rangle$.

假设初始态的形式为数态的叠加态 $|\Psi(0)\rangle = \sum_r f_r |\phi_r\rangle$. 此时, 就可以利用基矢 $\{|\psi_s\rangle\}$ 将它展开为 $|\Psi(0)\rangle = \sum_s g_s |\psi_s\rangle$. 该态随时间的演化

形式可表示为

$$|\Psi(t)\rangle = \sum_s g_s \mathrm{e}^{-\mathrm{i}E_s t} |\psi_s\rangle = \sum_r \left[\sum_s u_{r,s} g_s \mathrm{e}^{-\mathrm{i}E_s t} \right] |\phi_r\rangle. \qquad (\mathrm{E}.14)$$

当初始态为精确的数态时 $|\Psi(0)\rangle = |\phi_{r_0}\rangle$，即 $f_{r'} = \delta_{r',r_0}$，此时有

$$|\Psi(t)\rangle = \sum_r \left[\sum_s g_{s,r_0} g_s \mathrm{e}^{-\mathrm{i}E_s t} \right] |\phi_r\rangle \equiv \sum_{m,k} \bar{g}_{mk}(t) |m,k\rangle. \qquad (\mathrm{E}.15)$$

参 考 文 献

[1] Escher B M, de Matos Filho R L, Davidovich L. General framework for estimating the ultimate precision limit in noisy quantum-enhanced metrology. Nat.Phys. 2011, 7, 406-411; Quantum Metrology for Noisy Systems. Braz. J. Phys, 2011, 41, 229-247.

[2] Goldstein G, Cappellaro P, Maze J R, Hodges J S, Jiang L, Sørensen A S, Lukin M D. Environment-Assisted Precision Measurement. Phys. Rev. Lett., 2011, 106: 140502.

[3] Dorner U. Quantum frequency estimation with trapped ions and atoms. New J. Phys., 2012, 14, 043011.

[4] Ma J, Huang Y X, Wang X G, Sun C P. Quantum Fisher information of the Greenberger-Horne-Zeilinger state in decoherence channels. Phys. Rev., 2011, A84: 022302.

[5] Ma J, Wang X G, Sun C P, Franco N. Quantum spin squeezing. Phys. Rep., 2011, 509, 89-165.

[6] Helstrom C W. Quantum Detection and Estimation Theory. New York: Academic Press, 1976.

[7] Holevo A S. Probabilistic and Statistical Aspects of Quantum Theory. Amsterdam: North-Holland, 1982.

[8] Cramer H. Mathematical Methods of Statistics. Princeton: Princeton University, 1946.

[9] Hübner M. Explicit computation of the Bures distance for density matrices. Phys. Lett., 1992, A163: 239-242; Computation of Uhlmann's parallel transport for density matrices and the Bures metric on three-dimensional Hilbert space. 1993, 179: 226-230.

[10] Braunstein S L, Caves C M. Statistical distance and the geometry of quantum states. Phys. Rev. Lett., 1994, 72: 3439.

[11] Watanabe Y, Sagawa T, Ueda M. Optimal measurement on Noisy quantum systems. Phys. Rev. Lett., 2010, 104: 020401.

[12] Lu X M, Wang X G, Sun C P. Quantum Fisher information flow and non-Markovian processes of open systems. Phys. Rev., 2010, A82: 042103.

[13] Sun Z, Ma J, Lu X M, Wang X G. Fisher information in a quantum-critical environment. Phys. Rev., 2010, A82: 022306.

[14] Hyllus P, Laskowski W, Krischek R, Schwemmer C, Wieczorek W, Weinfurter H, Pezzé L, Smerzi A. Fisher information and multiparticle entanglement. Phys. Rev., 2012, A85: 022321.

[15] Giovannetti V, Lloyd S, Maccone L. Quantum-enhanced measurements: beating the standard quantum limit. Science, 2004, 306: 1330-1336.

[16] Giovannetti V, Lloyd S, Maccone L. Quantum metrology. Phys. Rev. Lett., 2006, 96: 010401.

[17] Dorner U, Demkowicz-Dobrzanski R, Smith B J, Lundeen J S, Wasilewski W, Banaszek K, Walmsley I A. Optimal quantum phase estimation. Phys. Rev. Lett., 2009, 102: 040403.

[18] Yurke B, McCall S L, Klauder J R. SU(2) and SU(1,1) interferometers. Phys. Rev., 1986, A33: 4033.

[19] Bollinger J J, Itano W M, Wineland D J, Heinzen D J. Optimal frequency measurements with maximally correlated states. Phys. Rev., 1996, A54: R4649.

[20] Huelga S F, Macchiavello C, Pellizzari T, Ekert A K, Plenio M B, Cirac J I. Improvement of frequency standards with quantum entanglement. Phys. Rev. Lett., 1997, 79: 3865.

[21] Chin A W, Huelga S F, Plenio M B. Quantum metrology in Non-Markovian environments. Phys. Rev. Lett., 2012, 109: 233601.

[22] Dowling J P. Correlated input-port, matter-wave interferometer: quantum-noise limits to the atom-laser gyroscope. Phys. Rev., 1998, A57: 4736.

[23] Kok P, Braunstein S L, Dowling J P. Quantum lithography, entanglement and Heisenberg-limited parameter estimation. J. Opt. B Quantum Semiclass, 2004, 6: 5811.

[24] Giovannetti V, Lloyd S, Maccone L. Advances in quantum metrology. Nature

Photonics, 2011, 5: 222-229.

[25] Pezzé L, Smerzi A. Entanglement, nonlinear dynamics, and the Heisenberg limit. Phys. Rev. Lett., 2009, 102: 100401.

[26] Demkowicz-Dobrzański R, Kołodyński J, Gută M. The elusive Heisenberg limit in quantum-enhanced metrology. Nat. Commun., 2012, 3: 1063.

[27] Holland M J, Burnett K. Interferometric detection of optical phase shifts at the Heisenberg limit. Phys. Rev. Lett., 1993, 71: 1355.

[28] Sanders B C, Milburn G J. Optimal quantum measurements for phase estimation. Phys. Rev. Lett., 1995, 75: 2944.

[29] Humphreys P C, Barbieri M, Datta A, Walmsley I A. Quantum enhanced multiple phase estimation. Phys. Rev. Lett., 2013, 111: 070403.

[30] Dowling J P. Quantum optical metrology-the lowdown on high-N00N states. Contemp. Phys., 2008, 49: 125-143.

[31] Lvovsky A I, Sanders B C, Tittel W. Optical quantum memory. Nat. Photon., 2009, 3: 706-714.

[32] Katori H. Optical lattice clocks and quantum metrology. Nat. Photon., 2011, 5: 203-210.

[33] Shevchenko S N, Ashhab S, Nori F. Landau-Zener-Stückelberg interferometry. Phys. Rep., 2010, 492: 1-30.

[34] Schleier-Smith M H, Leroux I D, Vuletic V. States of an ensemble of two-level atoms with reduced quantum uncertainty. Phys. Rev. Lett., 2010, 104: 073604.

[35] Caves C M. Quantum-mechanical noise in an interferometer. Phys. Rev., 1981, D23: 1693.

[36] Aolita L, Chaves R, Cavalcanti D, Acin A, Davidovich L. Scaling laws for the decay of multiqubit entanglement. Phys. Rev. Lett., 2008, 100: 080501.

[37] Almeida M P, de Melo F, Hor-Meyll M, Salles A, Walborn S P, Ribeiro P H S, Davidovich L. Environment-induced sudden death of entanglement. Science, 2007, 316: 579-582.

[38] Cavalcanti D, Chaves R, Aolita L, Davidovich L, Acin A. Open-system dy-

namics of graph-state entanglement. Phys. Rev. Lett., 2009, 103: 030502.

[39] Lang M D, Caves C M. Optimal quantum-enhanced interferometry using a laser power source. Phys. Rev. Lett., 2013, 111: 173601.

[40] Ono T, Hofmann H F. Effects of photon losses on phase estimation near the Heisenberg limit using coherent light and squeezed vacuum. Phys. Rev., 2010, A81: 033819.

[41] Jarzyna M, Demkowicz-Dobrzański R. Quantum interferometry with and without an external phase reference. Phys. Rev., 2012, A85: 011801(R).

[42] Pezzé L, Smerzi A. Mach-Zehnder Interferometry at the Heisenberg Limit with Coherent and Squeezed-Vacuum Light. Phys. Rev. Lett., 2008, 100: 073601.

[43] Seshadreesan K P, Anisimov P M, Lee H, Dowling J P. Parity detection achieves the Heisenberg limit in interferometry with coherent mixed with squeezed vacuum light. New J. Phys., 2011, 13: 083026; Seshadreesan K P, Kim S, Dowling J P, Lee H. Phase estimation at the quantum Cramér-Rao bound via parity detection. Phys. Rev., 2013, A87: 043833.

[44] Pezzé L, Smerzi A. Ultrasensitive two-mode interferometry with single-mode number squeezing. Phys. Rev. Lett., 2013, 110: 163604.

[45] Gerry C C. Heisenberg-limit interferometry with four-wave mixers operating in a nonlinear regime. Phys. Rev., 2000, A61: 043811.

[46] Gerry C C, Campos R A. Generation of maximally entangled photonic states with a quantum-optical Fredkin gate. Phys. Rev., 2001, A64: 063814; Gerry C C, Benmoussa A. Heisenberg-limited interferometry and photolithography with nonlinear four-wave mixing. ibid., 2002, 65: 033822.

[47] Gerry C C, Mimih J. The parity operator in quantum optical metrology. Contemp. Phys., 2010, 51: 497-511; Campos R A, Gerry C C, Benmoussa A. Optical interferometry at the Heisenberg limit with twin Fock states and parity measurements. Phys. Rev., 2003, A68: 023810; Gerry C C, Mimih J. Heisenberg-limited interferometry with pair coherent states and parity measurements. Phys. Rev., 2010, A82: 013831.

[48] Gao Y, Anisimov P M, Wildfeuer C F, Luine J, Lee H, Dowling J P. Super-resolution at the shot-noise limit with coherent states and photon-number-resolving detectors. J. Opt. Soc. Am., 2010, B27: A170-A174.

[49] Anisimov P M, Raterman G M, Chiruvelli A, Plick W N, Huver S D, Lee H, Dowling J P. Quantum metrology with two-mode squeezed vacuum: parity detection beats the Heisenberg limit. Phys. Rev. Lett., 2010, 104: 103602.

[50] Plick W N, Anisimov P M, Dowling J P, Lee H, Agarwal G S. Parity detection in quantum optical metrology without number-resolving detectors. New J. Phys., 2010, 12: 113025.

[51] Chiruvelli A, Lee H. Parity measurements in quantum optical metrology. J. Mod. Opt., 2011, 58: 945-953.

[52] Bollinger J J, Itano W M, Wineland D J, Heinzen D J. Optimal frequency measurements with maximally correlated states. Phys. Rev., 1996, A54: R4649.

[53] Boto A N, Kok P, Abrams D S, Braunstein S L, Williams C P. Dowling J P. Quantum interferometric optical lithography: exploiting entanglement to beat the diffraction limit. Phys. Rev. Lett., 2000, 85: 2733.

[54] Hofmann H F, Ono T. High-photon-number path entanglement in the interference of spontaneously down-converted photon pairs with coherent laser light. Phys. Rev., 2007, A76: 031806(R).

[55] Huver S D, Wildfeuer C F, Dowling J P. Entangled Fock states for robust quantum optical metrology, imaging, and sensing. Phys. Rev., 2008, A78: 063828.

[56] Joo J, Munro W J, Spiller T P. Quantum metrology with entangled coherent states. Phys. Rev. Lett., 2001, 107: 083601; 2011, 107: 219902(E); Joo J, Park K, Jeong H, Munro W J, Nemoto K, Spiller T P. Quantum metrology for nonlinear phase shifts with entangled coherent states. Phys. Rev., 2012, A86: 043828.

[57] Sahota J, James D F V. Quantum-enhanced phase estimation with an amplified Bell state. Phys. Rev., 2013, A88: 063820.

[58] Zhang X X, Yang Y X, Wang X B. Lossy quantum-optical metrology with squeezed states. Phys. Rev., 2013, A88: 013838.

[59] Royer A. Wigner function as the expectation value of a parity operator. Phys. Rev., 1977, A15: 449.

[60] Campos R A, Gerry C C, Benmoussa A. Optical interferometry at the Heisenberg limit with twin Fock states and parity measurements. Phys. Rev., 2003, A68: 023810.

[61] Tan Q S, Liao J Q, Wang X, Nori F. Enhanced interferometry using squeezed thermal states and even or odd states. Phys. Rev., 2014, A89: 053822.

[62] Kim M S, de Oliveira F A M, Knight P L. Properties of squeezed number states and squeezed thermal states. Phys. Rev., 1989, A40: 2494.

[63] Braunstein S L, Caves C M. Statistical distance and the geometry of quantum states. Phys. Rev. Lett., 1994, 72: 3439.

[64] Zhang Y M, Li X W, Yang W, Jin G R. Quantum Fisher information of entangled coherent states in the presence of photon loss. Phys. Rev., 2013, A88: 043832.

[65] Knysh S, Smelyanskiy V N, Durkin G A. Scaling laws for precision in quantum interferometry and the bifurcation landscape of the optimal state. Phys. Rev., 2011, A83: 021804(R).

[66] Liu J, Jing X, Wang X. Phase-matching condition for enhancement of phase sensitivity in quantum metrology. Phys. Rev., 2013, A88: 042316.

[67] Barnett S M, Radmore P M. Methods in Theoretical Quantum Optics. Oxford: Oxford University Press, 1997.

[68] Gerry C C, Knight P L. Introductory Quantum Optics Cambridge: Cambridge University Press, 2005.

[69] Jeong H, Lund A P, Ralph T C. Production of superpositions of coherent states in traveling optical fields with inefficient photon detection. Phys. Rev., 2005, A72: 013801.

[70] Birrittella R, Mimih J, Gerry C C. Multiphoton quantum interference at a beam splitter and the approach to Heisenberg-limited interferometry. Phys.

Rev., 2012, A86: 063828.

[71] Kenfack A, Życzkowski K. Negativity of the Wigner function as an indicator of non-classicality. J. Opt. B: Quantum Semiclass. Opt., 2004, 6: 396.

[72] Ourjoumtsev A, Tualle-Brouri R. Grangier P. Quantum homodyne tomography of a two-photon fock state. Phys. Rev. Lett., 2006, 96: 213601.

[73] Cooper M, Wright L J, Söller C, Smith B J. Experimental generation of multi-photon Fock states. Opt. Express, 2013, 21: 5309.

[74] Ourjoumtsev A, Jeong H, Tualle-Brouri R, Grangier P. Generation of optical "Schrödinger cats" from photon number states. Nature (London), 2007, 448: 784-786.

[75] Vahlbruch H, Mehmet M, Chelkowski S, Hage B, Franzen A, Lastzka N, Gossler S, Danzmann K, Schnabel R. Observation of squeezed light with 10-dB quantum-noise reduction. Phys. Rev. Lett., 2008, 100: 033602.

[76] Kim M S, Son W, Bužek V, Knight P L. Entanglement by a beam splitter: Nonclassicality as a prerequisite for entanglement. Phys. Rev., 2002, A65: 032323.

[77] Wineland D J, Bollinger J J, Itano W M, Moore F L, Heinzen D J. Spin squeezing and reduced quantum noise in spectroscopy. Phys. Rev., 1992, A46: R6797.

[78] Gross C, Zibold T, Nicklas E, Estève J, Oberthaler M K. Nonlinear atom interferometer surpasses classical precision limit. Nature (London), 2010, 464: 1165-1169.

[79] Riedel M F, Böhi P, Li Y, Hansch T W, Sinatra A, Treutlein P. Atom-chip-based generation of entanglement for quantum metrology. Nature (London), 2010, 464: 1170-1173.

[80] Kitaev A. Fault-tolerant quantum computation by anyons. Ann. Phys., 2003, 303: 2-30.

[81] Zanardi P, Rasetti M. Noiseless quantum codes. Phys. Rev. Lett., 1997, 79: 3306; Lidar D A, Chuang I L, Whaley K B. Decoherence-free subspaces for quantum computation. ibid., 1998, 81: 2594; Knill E, Laflamme R, Viola L.

Theory of quantum error correction for general noise. ibid., 2000, 84: 2525.

[82] Viola L, Lloyd S. Dynamical suppression of decoherence in two-state quantum systems. Phys. Rev., 1998, A58: 2733.

[83] Viola L, Nill E K, Lloyd S. Dynamical decoupling of open quantum systems. Phys. Rev. Lett., 1999, 82: 2417.

[84] Santos L F, Viola L. Advantages of randomization in coherent quantum dynamical control. New J. Phys., 2008, 10: 083009.

[85] Facchi P, Lidar D A, Pascazio S. Unification of dynamical decoupling and the quantum Zeno effect. Phys. Rev., 2004, A69: 032314.

[86] Rossini D, Facchi P, Fazio R, Florio G, Lidar D A, Pascazio S, Plastina F, Zanardi P. Bang-bang control of a qubit coupled to a quantum critical spin bath. Phys. Rev., 2008, A77: 052112.

[87] Chaudhry A Z, Gong J. Protecting and enhancing spin squeezing via continuous dynamical decoupling. Phys. Rev., 2012, A86, 012311.

[88] Uhring G S. Keeping a quantum Bit alive by optimized π-pulse sequences. Phys. Rev. Lett., 2007, 98: 100504; Uhring G S. Exact results on dynamical decoupling by π pulses in quantum information processes. New J. Phys., 2008, 10: 083024.

[89] Pasini S, Fischer T, Karbach P, Uhrig G S. Optimization of short coherent control pulses. Phys. Rev., 2008, A77: 032315.

[90] Khodjasteh K, Lidar D A. Performance of deterministic dynamical decoupling schemes: Concatenated and periodic pulse sequences. Phys. Rev., 2007, A75: 062310.

[91] Yang W, Liu R B. Universality of Uhrig dynamical decoupling for suppressing qubit pure dephasing and relaxation. Phys. Rev. Lett., 2008, 101: 180403.

[92] Gordon G, Kuriziki G. Preventing multipartite disentanglement by local modulations. Phys. Rev. Lett., 2006, 97: 110503; Gordon G. Dynamical decoherence control of multi-partite systems. J. Phys. B: At. Mol. Opt. Phys., 2009, 42: 223001.

[93] Du J F, Rong X, Zhao N, Wang Y, Yang J H, Liu R B. Preserving electron

spin coherence in solids by optimal dynamical decoupling. Nature (London), 2009, 461: 1265-1268.

[94]   Tan Q S, Huang Y, Yin X, Kuang L M, Wang X. Enhancement of parameter-estimation precision in noisy systems by dynamical decoupling pulses. Phys. Rev., 2013, A87: 032102.

[95]   Breuer H P, Petruccione F. The Theory of Open Quantum Systems. Oxford: Oxford University Press, 2002.

[96]   Gustavson T L, Bouyer P, Kasevich M A. Precision rotation measurements with an atom interferometer gyroscope. Phys. Rev. Lett., 1997, 78: 2046.

[97]   Fixler J, Foster G, McGuirk J, Kasevich M. Atom interferometer measurement of the Newtonian constant of Gravity. Science, 2007, 315: 74-77.

[98]   Cronin A D, Schmiedmayer J, Pritchard D E. Optics and interferometry with atoms and molecules. Reviews of Modern Physics, 2009, 81: 1051.

[99]   Bar-Gill N, Bhaktavatsala Rao D D, Kurizki G. Creating nonclassical states of Bose-Einstein condensates by dephasing collisions. Phys. Rev. Lett., 2011, 107: 010404.

[100] Grond J, Hohenester U, Mazets I, Schmiedmayer J. Atom interferometry with trapped Bose-Einstein condensates: impact of atom-atom interactions. New J. Phys., 2010, 12: 065036.

[101] Huang J, Wu S, Zhong H, Lee C. Annual Review of Cold Atoms and Molecules. Singapore: World Scientific, 2013.

[102] Bouyer P, Kasevich M. A. Heisenberg-limited spectroscopy with degenerate Bose-Einstein gases. Phys. Rev., 1997, A56: R1083.

[103] Kasevich M A. Coherence with atoms. Science, 2002, 298: 1363-1368.

[104] Orzel C, Tuchman A K, Fenselau M L, Yasuda M, Kasevich M A. Squeezed states in a Bose-Einstein condensate. Science, 2001, 291: 2386-2389.

[105] Wineland D J, Bollinger J J, Itano W M, Heinzen D J. Squeezed atomic states and projection noise in spectroscopy. Phys. Rev., 1994, A50: 67.

[106] Kitagawa M, Ueda M. Squeezed spin states. Phys. Rev., 1993, A47: 5138.

[107] Jin G R, Liu Y C, Liu W M. Spin squeezing in a generalized one-axis twisting

model. New J. Phys., 2009, 11: 073049.

[108] Pezze L, Smerzi A. Entanglement, nonlinear dynamics, and the Heisenberg limit. Phys. Rev. Lett., 2009, 102: 100401.

[109] Liu Y C, Xu Z F, Jin G R, You L. Spin squeezing: transforming one-axis twisting into two-axis twisting. Phys. Rev. Lett., 2011, 107: 013601.

[110] Simon C, Kempe J. Robustness of multiparty entanglement. Phys. Rev., 2002, A65: 052327.

[111] Andre A, Lukin M D. Atom correlations and spin squeezing near the Heisenberg limit: finite-size effect and decoherence. Phys. Rev., 2002, A65: 053819.

[112] Stockton J K, Geremia J M, Doherty A C, Mabuchi H. Characterizing the entanglement of symmetric many-particle spin-1/2 systems. Phys. Rev., 2003, A67: 022112.

[113] Li Y, Castin Y, Sinatra A. Optimum spin squeezing in Bose-Einstein condensates with particle losses. Phys. Rev. Lett., 2008, 100: 210401.

[114] Sinatra A, Witkowska E, Dornstetter J C, Li Y, Castin Y. Limit of spin squeezing in finite-temperature Bose-Einstein condensates. Phys. Rev. Lett., 2011, 107: 060404.

[115] Watanabe G, Makela H. Dissipation-induced squeezing. Phys. Rev. 2012, A85: 023604.

[116] Wang X, Miranowicz A, Liu Y X, Sun C P, Nori F. Sudden vanishing of spin squeezing under decoherence. Phys. Rev., 2010, A81: 022106.

[117] Rong X, Huang P, Kong X, Xu X, Shi F, Wang Y, Du J. Enhanced phase estimation by implementing dynamical decoupling in a multi-pass quantum metrology protocol. Europhys. Lett., 2011, 95: 60005.

[118] Chaudhry A Z, Gong J. Amplification and suppression of system-bath-correlation effects in an open many-body system. Phys. Rev., 2013, A87: 012129.

[119] Pan Y, Song H T, Xi Z R. Dynamical decoupling in common environment. J. Phys. B: At. Mol. Opt. Phys., 2012, 45: 205504.

[120] Taylor J M, Cappellaro P, Childress L, Jiang L, Budker D, Hemmer P R,

Yacoby A, Walsworth R, Lukin M D. High-sensitivity diamond magnetometer with nanoscale resolution. Nat. Phys., 2008, 4: 810-816.

[121] de Lange G, Ristè D, Dobrovitski V V, Hanson R. Single-Spin Magnetometry with Multipulse Sensing Sequences. Phys. Rev. Lett., 2011, 106: 080802.

[122] Hall L T, Hill C D, Cole J H, Hollenberg L C L. Ultrasensitive diamond magnetometry using optimal dynamic decoupling. Phys. Rev., 2010, B82: 045208.

[123] Tan Q S, Huang Y, Kuang L M, Wang X. Dephasing-assisted prameter estimation in the presence of dynamical decoupling. Phys. Rev., 2014, A89: 063604.

[124] Ferrini G, Spehner D, Minguzzi A, Hekking F W J. Effect of phase noise on quantum correlations in Bose-Josephson junctions. Phys. Rev., 2011, A84: 043628.

[125] Huang Y, Zhong W, Sun Z, Wang X. Fisher-information manifestation of dynamical stability and transition to self-trapping for Bose-Einstein condensates. Phys. Rev., 2012, A86: 012320.

[126] Hall D S, Matthews M R, Ensher J R, Wieman C E, Cornell E A. Dynamics of component separation in a binary mixture of Bose-Einstein condensates. Phys. Rev. Lett., 1998, 81: 1539.

[127] Matthews M R, Hall D S, Jin D S, Ensher J R, Wieman C E, Cornell E A, Dalfovo F, Minniti C, Stringari S. Dynamical response of a Bose-Einstein condensate to a discontinuous change in internal state. Phys. Rev. Lett., 1998, 81: 243.

[128] Micheli A, Jaksch D, Cirac J I, Zoller P. Harmonically confined Tonks-Girardeau gas: A simulation study based on Nelson's stochastic mechanics. Phys. Rev., 2003, A67: 013607.

[129] Fedichev P O, Reynolds M W, Shlyapnikov G V. Three-body recombination of Ultracold atoms to a weakly bounds level. Phys. Rev. Lett., 1996, 77: 2921.

[130] Esry B D, Greene C H, Burke J P. Recombination of three atoms in the Ultracold limit. Phys. Rev. Lett., 1999, 83: 1751.

[131] Jack M W, Decoherence due to three-body loss and its effect on the state of a Bose-Einstein condensate. Phys. Rev. Lett., 2002, 89: 140402.

[132] Borca B, Dunn J W, Kokoouline V, Greene C H. Atom-molecule laser fed by stimulated three-body recombination. Phys. Rev. Lett., 2003, 91: 070404.

[133] Search C P, Zhang W, Meystre P. Inhibiting three-body recombination in atomic Bose-Einstein condensates. Phys. Rev. Lett., 2004, 92: 140401.

[134] Pawłowski K, Rzążewski K. Background atoms and decoherence in optical lattices. Phys. Rev., 2010, A81: 013620.

[135] Louis P J Y, Brydon P M R, Savage C M. Macroscopic quantum superposition states in Bose-Einstein condensates: Decoherence and many modes. Phys. Rev., 2001, A64: 053613.

[136] Kuang L M, Tong Z Y, Ouyang Z W, Zeng H S. Decoherence in two Bose-Einstein condensates. Phys. Rev., 1999, A61: 013608.

[137] Dalvit D A R, Dziarmaga J, Zurek W H. Decoherence in Bose-Einstein condensates: towards bigger and better Schrödinger cats. Phys. Rev., 2000, A62: 013607; Ruostekoski J, Walls D F. Bose-Einstein condensate in a double-well potential as an open quantum system. Phys. Rev., 1998, A58: R50; Anglin J. Cold, Dilute, Trapped Bosons as an open quantum system. Phys. Rev. Lett., 1997, 79: 6.

[138] Wang W, Fu L B, Yi X X. Effect of decoherence on the dynamics of Bose-Einstein condensates in a double-well potential. Phys. Rev., 2007, A75: 045601.

[139] Vorrath T, Brandes T, Kramer B. Dynamics of a large spin with weak dissipation. Chem. Phys., 2004, 296: 295-300.

[140] Vorrath T, Brandes T. Dynamics of a large spin with strong dissipation. Phys. Rev. Lett., 2005, 95: 070402.

[141] Blanes S, Casas F, Oteo J A, Ros J. The Magnus expansion and some of its applications. Phys. Rep., 2009, 470: 151-238.

[142] Caldeira A O, Leggett A J. Quantum tunnelling in a dissipative system. Ann. Phys., 1983, 149: 374-456.

[143] Yuan J B, Kuang L M, Liao J Q. Amplification of quantum discord between two uncoupled qubits in a common environment by phase decoherence. J. Phys. B: At. Mol. Opt. Phys., 2010, 43: 165503.

[144] Tanaka T, Kimura G, Nakazato H. Possibility of a minimal purity-measurement scheme critically depends on the parity of dimension of the quantum system. Phys. Rev., 2013, A87: 012303.

[145] Milburn G J, Corney J, Wright E M, Walls D F. Quantum dynamics of an atomic Bose-Einstein condensate in a double-well potential. Phys. Rev., 1997, A55: 4318.

[146] Javanainen J, Ivanov M Y. Splitting a trap containing a Bose-Einstein condensate: atom number fluctuations. Phys. Rev., 1999, A60: 2351.

[147] Pezzé L, Collins L A, Smerzi A, Berman G P, Bishop A R. Sub-shot-noise phase sensitivity with a Bose-Einstein condensate Mach-Zehnder interferometer. Phys. Rev., 2005, A72: 043612.

[148] Grond J, Schmiedmayer J, Hohenester U. Optimizing number squeezing when splitting a mesoscopic condensate. Phys. Rev., 2009, A79: 021603.

[149] Grond J, Hohenester U, Mazets I, Schmiedmayer J. Atom interferometry with trapped Bose-Einstein condensates: impact of atom-atom interactions. New J. Phys., 2010, 12: 065036.

[150] Grond J, von Winckel G, Schmiedmayer J, Hohenester U. Optimal control of number squeezing in trapped Bose-Einstein condensates. Phys. Rev., 2009, A80: 053625.

[151] Estève J, Gross C, Weller A, Giovanazzi S, Oberthaler M K. Squeezing and entanglement in a Bose-Einstein condensate. Nature (London), 2008, 455: 1216-1219.

[152] Sørensen A, Duan L M, Cirac J I, Zoller P. Many-particle entanglement with Bose-Einstein condensates. Nature, 2001, 409: 63-66.

[153] Poulsen U V, Mølmer K. Positive-P simulations of spin squeezing in a two-component Bose condensate. Phys. Rev., 2001, A64: 013616.

[154] Jin G R, An Y, Yan T, Lu Z S. Dynamical generation of phase-squeezed

states in two-component Bose-Einstein condensates. Phys. Rev., 2010, A82: 063622.

[155] Guehne O, Tóth G. Entanglement detection. Phys. Rep., 2009, 474: 1-75.

[156] Wang X, Sanders B C. Spin squeezing and pairwise entanglement for symmetric multiqubit states. Phys. Rev., 2003, A68: 012101.

[157] Haine S A, Lau J, Anderson R P, Johnsson M T. Self-induced spatial dynamics to enhance spin squeezing via one-axis twisting in a two-component Bose-Einstein condensate. Phys. Rev., 2014, A90: 023613.

[158] Ananikian D, Bergeman T. Multiconfigurational time-dependent Hartree method for bosons: Many-body dynamics of bosonic systems. Phys. Rev., 2006, A73: 013604.

[159] Lu H Y, Lu H, Zhang J N, Qiu R Z, Pu H, Yi S. Spatial density oscillations in trapped dipolar condensates. Phys. Rev., 2010, A82: 023622.

[160] Alon O E, Streltsov A I, Cederbaum L S. Multiconfigurational time-dependent Hartree method for bosons: Many-body dynamics of bosonic systems. Phys. Rev., 2008, A77: 033613.

[161] Streltsov A I, Alon O E, Cederbaum L S. General variational many-body theory with complete self-consistency for trapped bosonic systems. Phys. Rev., 2006, A73: 063626; Alon O E, Streltsov A I, Cederbaum L S. Multiconfigurational time-dependent Hartree method for bosons: Many-body dynamics of bosonic systems. Phys. Rev., 2008, A77: 033613.

[162] Yi S, You L. Trapped atomic condensates with anisotropic interactions. Phys. Rev., 2000, A61: 041604(R); Trapped condensates of atoms with dipole interactions. 2001, 63: 053607.

[163] Goral K, Santos L, Lewenstein M. Quantum phases of dipolar Bosons in optical lattices. Phys. Rev. Lett., 2002, 88: 170406.

[164] Yi S, You L, Pu H. Quantum phases of dipolar spinor condensates. Phys. Rev. Lett., 2004, 93: 040403.

[165] Yi S, Li T, Sun C P. Novel quantum phases of dipolar Bose gases in optical lattices. Phys. Rev. Lett., 2007, 98: 260405.

[166] Lu H Y, Yi S. Fragmented condensates of singly trapped dipolar Bose gases. Sci. China-Phys. Mech. Astron., 2012, 55: 1535-1540.

[167] Opatrný T, Deb B, Kurizki G. Proposal for Translational Entanglement of Dipole-Dipole Interacting Atoms in Optical Lattices. Phys. Rev. Lett., 2003, 90: 250404.

[168] Tan Q S, Lu H Y, Yi S. Spin squeezing of a dipolar Bose gas in a double-well potential. Phys. Rev., 2016, A93: 013606.

[169] Tang Y, Sykes A, Burdick N Q, Bohn J L, Lev B L. S-wave scattering lengths of the strongly dipolar bosons ^{162}Dy and ^{164}Dy. Phys. Rev., 2015, A92: 022703.

[170] Giovanazzi S, Görlitz A, Pfau T. Tuning the dipolar interaction in quantum gases. Phys. Rev. Lett., 2002, 89: 130401.

[171] Lahaye T, Menotti C, Santos L, Lewenstein M, Pfau T. The physics of dipolar bosonic quantum gases. Rep. Prog. Phys., 2009, 72: 126401.

[172] Jing H. Mutual coherence and spin squeezing in double-well atomic condensates. Physics Letters, 2002, A306: 91-96.

[173] Mømer K, Søensen A. Multiparticle entanglement of hot trapped ions. Phys. Rev. Lett., 1999, 82: 1835.

[174] Strobel H, Muessel W, Linnemann D, Zibold T, Hume D B, Pezzé L, Smerzi A, Oberthaler M K. Fisher information and entanglement of non-Gaussian spin states. Science, 2014, 345: 424-427.

[175] Macrì T, Smerzi A, Pezzé L. Loschmidt echo for quantum metrology. Phys. Rev., 2016, A94: 010102.

[176] Bennett S D, Yao N Y, Otterbach J, Zoller P, Rabl P, Lukin M D. Phonon-induced spin-spin interactions in diamond nanostructures: application to Spin Squeezing. Phys. Rev. Lett., 2013, 110: 156402.

[177] Palzer S, Zipkes C, Sias C, Köhl M. Quantum transport through a Tonks-Girardeau gas. Phys. Rev. Lett., 2009, 103: 150601.

[178] Cirone M A, De. Chiara G, Palma G M, Recati A. Collective decoherence of cold atoms coupled to a Bose-Einstein condensate. New J. Phys., 2009, 11:

103055.

[179] Will S, Best T, Braun S, Schneider U, Bloch I. Coherent interaction of a single Fermion with a small Bosonic field. Phys. Rev. Lett., 2011, 106: 115305.

[180] Spethmann N, Kindermann F, John S, Weber C, Meschede D, Widera A. Dynamics of single neutral impurity atoms immersed in an ultracold gas. Phys. Rev. Lett., 2012, 109: 235301.

[181] Scelle R, Rentrop T, Trautmann A, Schuster T, Oberthaler M K. Dynamics of single neutral impurity atoms immersed in an ultracold gas. Phys. Rev. Lett., 2013, 111: 070401.

[182] Zipkes C, Palzer S, Sias C, Köhl M. A trapped single ion inside a Bose-Einstein condensate. Nature (London), 2010, 464: 388-391.

[183] Schmid S, Harter A, Denschlag J H. Dynamics of a cold trapped ion in a Bose-Einstein condensate. Phys. Rev. Lett., 2010, 105: 133202.

[184] Balewski J B, Krupp A T, Gaj A, Peter D, Büchler H P, Löw R, Hofferberth S, Pfau T. Coupling a single electron to a Bose-Einstein condensate. Nature (London), 2013, 502: 664-667.

[185] Recati A, Fedichev P O, Zwerger W, von Delft J, Zoller P. Atomic quantum dots coupled to a reservoir of a superfluid Bose-Einstein condensate. Phys. Rev. Lett., 2005, 94: 040404.

[186] Ng H T, Bose S. Single-atom-aided probe of the decoherence of a Bose-Einstein condensate. Phys. Rev., 2008, A78: 023610.

[187] Bar-Gill N, Bhaktavatsala Rao D D, Kurizki G. Creating nonclassical states of Bose-Einstein condensates by dephasing collisions. Phys. Rev. Lett., 2011, 107: 010404.

[188] Lu M, Burdick N Q, Youn S H, Lev B L. Strongly dipolar Bose-Einstein condensate of dysprosium. Phys. Rev. Lett., 2011, 107: 190401.

[189] Aikawa K, Frisch A, Mark M, Baier S, Rietzler A, Grimm R, Ferlaino F. Bose-Einstein condensation of erbium. Phys. Rev. Lett., 2012, 108: 210401.

[190] Griesmaier A, Stuhler J, Koch T, Fattori M, Pfau T, Giovanazzi S. Comparing contact and dipolar interactions in a Bose-Einstein condensate. Phys. Rev.

Lett., 2006, 97: 250402.

[191]   Yuan J B, Xing H J, Kuang L M, Yi S. Quantum non-Markovian reservoirs of atomic condensates engineered via dipolar interactions. Phys. Rev., 2017, A95: 033610.

[192]   Tan Q S, Yuan J B, Jin G R, Kuang L M. Near-Heisenberg-limited parameter estimation by a dipolar-Bose-gas reservoir engineering. Phys. Rev., 2017, A96. 063614.

[193]   Bruderer M, Jaksch D. Probing BEC phase fluctuations with atomic quantum dots. New J. Phys., 2006, 8: 87.

[194]   Pawlowski K, Rzazewski K. Background atoms and decoherence in optical lattices. Phys. Rev., 2010, A81: 013620.

[195]   Hao Y, Gu Q. Dynamics of two-component Bose-Einstein condensates coupled with the environment. Phys. Rev., 2011, A83: 043620.

[196]   Spehner D, Pawlowski K, Ferrini G, Minguzzi A. Effect of one-, two-, and three-body atom loss processes on superpositions of phase states in Bose-Josephson junctions. Eur. Phys. J., 2014, B87: 157.

[197]   Huang J, Qin X, Zhong H, Ke Y, Lee C. Quantum metrology with spin cat states under dissipation. Sci Rep., 2015, 5: 17894.

[198]   Breuer H P, Petruccione F. The Theory of Open Quantum Systems. Oxford: Oxford University Press, 2007.

[199]   Dalfovo F, Giorgini S, Pitaevskii L P, Stringari S. Theory of Bose-Einstein condensation in trapped gases. Rev. Mod. Phys., 1999, 71: 463.

[200]   Sanders B C, Milburn G J, Zhang Z. Optimal quantum measurements for phase-shift estimation in optical interferometry. J. Mod. Opt., 1997, 44: 1309-1320.

[201]   Plick W N, Dowling J P, Agarwal G S. Coherent-light-boosted, sub-shot noise, quantum interferometry. New J. Phys., 2010, 12: 083014.

[202]   Marino A M, Corzo Trejo N V, Lett P D. Effect of losses on the performance of an SU(1,1) interferometer. Phys. Rev., 2012, A86: 023844.

[203]   Law C K, Pu H, Bigelow N P. Quantum spins mixing in spinor Bose-Einstein

condensates. Phys. Rev. Lett., 1998, 81: 5257.

[204] Ho T L. Spinor Bose condensates in optical traps. Phys. Rev. Lett., 1998, 81: 742.

[205] Stamper-Kurn D M, et al. Optical confinement of a Bose-Einstein condensate. Phys. Rev. Lett., 1998, 80: 2027.

[206] Chang M S, Qin Q, Zhang W, You L, Chapman M S. Coherent spinor dynamics in a spin-1 Bose condensate. Nature Phys., 2005, 1: 111.

[207] Stamper-Kurn D M, Ueda M. Spinor Bose gases: symmetries, magnetism, and quantum dynamics. Rev. Mod. Phys., 2013, 85: 1191.

[208] Linnemann D. et al. Quantum-enhanced sensing Based on time reversal of nonlinear dynamics. Phys. Rev. Lett., 2016, 117: 013001.

[209] Gabbrielli M, Pezzé L, Smerzi A. Spin-mixing interferometry with Bose-Einstein condensates. Phys. Rev. Lett., 2015, 115: 163002.

[210] Szigeti S S, Lewis-Swan R J, Haine S A. Pumped-up SU(1,1) interferometry. Phys. Rev. Lett., 2017, 118: 150401.

[211] Stenger J, Inouye S, Stamper-Kurn D M, Miesner H J, Chikkatur A P, Ketterle W. Spin domains in ground-state Bose-Einstein condensates. Nature, 1998, 396: 345.

[212] Vengalattore M, Leslie S R, Guzman J, Stamper- Kurn D M. Spontaneously modulated spin textures in a dipolar spinor Bose-Einstein condensate. Phys. Rev. Lett., 2008, 100: 170403.

[213] Barrett M D, Sauer J A, Chapman M S. All-optical formation of an atomic Bose-Einstein condensate. Phys. Rev. Lett., 2001, 87: 010404.

[214] Santos L, Shlyapnikov G V, Zoller P, Lewenstein M. Bose-Einstein condensation in trapped dipolar gases. Phys. Rev. Lett., 2000, 85: 1791.

[215] Yi S, You L. Trapped atomic condensates with anisotropic interactions. Phys. Rev., 2000, A61: 041604(R).

[216] Yi S, You L, Pu H. Quantum phases of dipolar spinor condensates. Phys. Rev. Lett., 2004, 93: 040403.

[217] Huang Y, Zhang Y, Lü R, Wang X, Yi S. Macroscopic quantum coherence

in spinor condensates confined in an anisotropic potential. Phys. Rev., 2012, A86: 043625.

[218] Pu H, Zhang W, Meystre P. Ferromagnetism in a lattice of Bose-Einstein condensates. Phys. Rev. Lett., 2001, 87: 140405.

[219] Zhang W, Yi S, Chapman M S, You J Q. Coherent zero-field magnetization resonance in a dipolar spin-1 Bose-Einstein condensate. Phys. Rev., 2015, A92: 023615.

[220] Xing H, Wang A, Tan Q S, Zhang W, Yi S. Heisenberg-scaled magnetometer with dipolar spin-1 condensates. Phys. Rev., 2016, A93: 043615.

[221] Tan Q S, Xie Q T, Kuang L M. Effects of dipolar interactions on the sensitivity of nonlinear spinor-BEC interterometry. Sci Rep., 2018, 8: 3218.

[222] Hamley C D, et al., Spin-nematic squeezed vacuum in a quantum gas. Nat. Phys., 2012, 8: 305.

[223] Huang Y, Xiong H N, Sun Z, Wang X. Generation and storage of spin-nematic squeezing in a spinor Bose-Einstein condensate. Phys. Rev., 2015, A92: 023622.

[224] Lu M, Burdick N Q, Youn S H, Lev B L. Strongly dipolar Bose-Einstein condensate of dysprosium. Phys. Rev. Lett., 2011, 107: 190401.

彩　　图

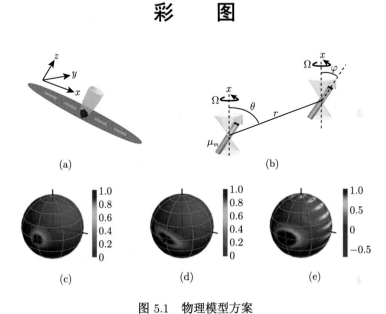

(a)

(b)

(c)

(d)

(e)

图 5.1　物理模型方案

图 (a) 描述了将 N 个两能级原子 (红色所示) 嵌于一个准一维极化玻色气体 (绿色所示) 中的方案图;
图 (b) 表示通过一个快速旋转的方向磁场来调节库原子间的偶极–偶极相互作用. 图 (c)—(e) 分别表示的
是两能级原子系统处于自旋相干态、自旋压缩态以及纠缠的非高斯态所对应的 Wigner 函数. Wigner 函数
的负值对应的是量子效应